商业新闻出版公司和轻松读文化事业有限公司提供内容支持

没有任何借口

轻松读大师项目部　编

中国盲文出版社

图书在版编目（CIP）数据

没有任何借口：大字版/轻松读大师项目部编. —北京：中国盲文出版社，2017.3

ISBN 978—7—5002—7798—9

Ⅰ. ①没… Ⅱ. ①轻… Ⅲ. ①成功心理—通俗读物 Ⅳ. ①B848. 4—49

中国版本图书馆 CIP 数据核字（2017）第 062469 号

本书由轻松读文化事业有限公司授权出版

没有任何借口

编　　者：轻松读大师项目部
出版发行：中国盲文出版社
社　　址：北京市西城区太平街甲 6 号
邮政编码：100050
印　　刷：北京汇林印务有限公司
经　　销：新华书店
开　　本：787×1092　1/16
字　　数：80 千字
印　　张：12.5
版　　次：2017 年 3 月第 1 版　2017 年 4 月第 1 次印刷
书　　号：ISBN 978—7—5002—7798—9/B・330
定　　价：42.00 元
销售热线：（010）83190289　83190292　83190297

出版前言

数字文明为我们求知问道、拓展格局带来空前便利，同时也使我们深受信息过剩、知识爆炸的困扰。面对海量信息，闭目塞听、望洋兴叹固非良策，不分主次、照单全收更无可能。时代快速变化，竞争不断升级，要想克服本领恐慌，防止无知而盲、少知而迷，需尽可能将主流社会的最新智力成果内化于心、外化于行，如此才能更好地顺应时代，提高成功概率。为使读者精准快速地把握分散在万千书卷中的新理念、新策略、新创意、新方法，我们组织编写了这套《好书精读丛书》。

这套书旨在帮助读者提高阅读质量和效率。我们依托海内外相关知识服务机构十多年的持续积累，博观约取，从经济管理、创业创新、投资理财、营销创意、人际沟通、名企分析等方面选取数百种与时俱进又经世致用的好书分类整合，凝练出版。它们或传播现代经管新知，或讲授实用营销技巧，或聚焦创新创业，或分析成功者要素组合，真知云集，灼见荟萃。期待这些凝聚着当代经济社会管理创新创意亮点的好书，能为提升您的学识见解和能力建设提供优质有效便捷的阅读资源。

聚焦对最新知识的深度加工和闪光点提炼是这套书的突出特点。每本书集中解读 4 种主题相关的代表性好书，以“要点整理”“5 分钟摘要”“主题看板”“关键词解读”“轻松读大师”等栏目精炼呈现各书核心观点，崇真尚实，化繁为简，您可利用各种碎片化时间在赏心悦目中取其精髓。常读常新，明辨笃行，您一定会悟得更深更透，做得更好更快。

好书不厌百回读，熟读深思子自知。作为精准知识服务的一次尝试，我们期待能帮您开启高效率的阅读。让我们一起成长和超越！

目 录

成功从来不以名利为绝对标杆，不以单一的目标为终点，它是快乐、成就、意义、典范共同构成的立体目标，是因人而异、因时而异的动态过程。在此观点基础上，作者通过剖析成功的组成部分、探究成功的基础要素、剖析正确的成功视角，阐释了“恰到好处”的成功理念，助您精心调配出良好的生活状态，获得“私人定制”的完满人生。

自律者自由，自律者成功。无论是修炼自身、打拼事业还是经营家庭，成功的征程上陷阱、歧路层出不穷，而护送我们到达终点最重要的法宝就是自律。本书剖析了取得个人提升、事业成功和美好人生不可或缺的21项原则，以此为纲，将自律品质落实到生活和工作的方方面面，督促我们为当为之事，通过把握个人言行来把握成功、把握人生。

我们常常想要事事圆满，最终却落得一事无成。吾生有涯，实现自身价值最有效的方法不是做好每件事，而是学会取舍，做好对的事。本书揭露了关于生产力的六大误解，鼓励读者“把鸡蛋放在一个篮子里”，即养成寻找“焦点问题”的习惯，找出对自己最重要、对实现成功最有效的任务，并设法专心完成，还工作和生活以简单明了。

如果不能完全避免失败，何不将其为我所用？人生是一项无止境的学习工程，而失败则是最好的提高机会，它使我们变得谦逊、直面现实、承担责任、改进自我、坚守希望……暂且放下输赢结局，扪心自问：我是否以百折不挠的姿态成为了更好的自己？从失败中取得11种进步，这是一次改变胜负标准的观念洗礼，是一次人生财富的积累过程。

调配恰到好处的成功

Just Enough

Tools for Creating Success in Your
Work and Life

原著作者简介

劳拉·纳什（Laura Nash）博士毕业于美国哈佛大学，现为该校商学院资深研究员，并担任商业伦理学会会长。纳什共出版了7本书，包括《善意之外》、《商场圣徒》以及《星期天礼拜，星期一上班》等。

霍华德·史蒂文森（Howard Stevenson）博士毕业于美国哈佛大学商学院，现任该校商学院教授，之前曾自行创业。史蒂文森已出版6本书，如《弱肉强食》。

本文编译：阎蕙群

主要内容

主题看板

成功面面观

何谓成功？每个人对“成功”的定义不同，每个人也都有自己的成功标准。不过大多数人都赞同，态度与成功关系密切，“成功的态度造就成功的人生”，拥有良好态度的人，无论是对成功的理解和追求，还是为人处世的方式，都会与众不同。

其实，世界上没有绝对的成功标准，成功与否的界定也视个人需求而异。对大多数人而言，成功指的是财富；对美国肯尼迪家族而言，成功指的是声望与地位。美国著名的成功学大师拿破仑·希尔认为，有自信即是成功；对“人际关系学之父”卡耐基而言，不论一个人的职业、目标、野心是什么，能建立人际关系就是人生的成功；而另一位成功学大师，有“人类潜能导师”

美誉的史蒂芬·科维却认为，事业成功只能算成功了一半，唯有兼顾事业、家庭、人际关系、个人成长等人生其他层面的成功，才是真正的成功。

由上述各位大师对成功的定义，我们可以知道，成功其实涉及多个方面，而纳什和史蒂文森阐述的“恰到好处即为成功”的人生哲学，即是针对每个人对成功定义不同的现状而提出的一套很有弹性的成功标准。该标准不仅帮助大家减轻追求成功路上的痛苦，也让我们知道如何抉择人生，把精力放在人类社会最重要的需求上。

5分钟摘要

实现多面成功，才是人生赢家

成功绝不限于不断追求名利和高官厚禄。大家对成功的定义相当主观，常因人而异，某个人眼中的成功，对另外一个人来说可能是全然的失败。

因此，在你加倍努力追求事业及人生的成功之前，请先花点时间认真地想一想，什么才算是真正的成功。你很可能会发现，若想追求全面的成功，你必须在以下四个截然不同的领域有所斩获。

◎快乐：你必须对自己这一生的大小成就感到自得其乐与心满意足。

◎成就：你必须实现自己所设定的大部分人生目标。

◎意义：你必须对你最在意的人有正面的

影响。

◎典范：你要以能够帮助后世子孙成功的方式实现个人价值。

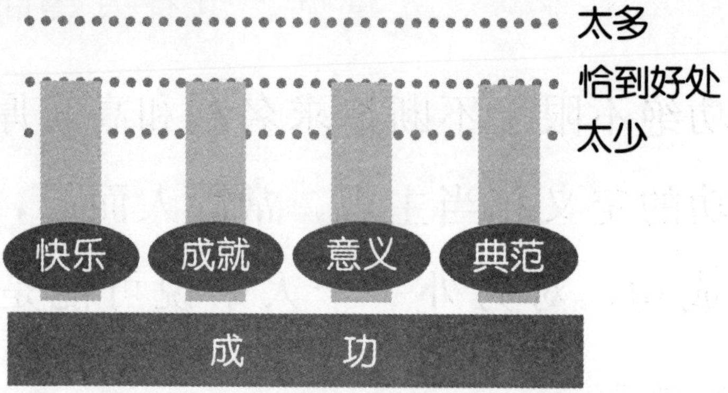

如果你牺牲生命中所有的一切，只为了赚进更多钱，这不能算是成功。能够在快乐、成就、意义与典范四个领域中获得不多不少恰到好处的成果才算成功，这样的成功才会令你心满意足，感觉所有的努力都值得。

总而言之，成功既非单指一件事，亦非多多益善，只要在几项重要的事情上获得恰到好处的成果，就算成功了。你不必把全部的时间都用来追求某个狭隘的目标，这样会错失其他方面的成功带给你的喜悦感和充实感。

关键思维

我想世俗眼中的成功恐怕与真正的成功恰恰相反。有人在乎公众的意见，也有人崇尚个人的见解；有人喜欢扬名天下，也有人宁可默默无闻；有人想光宗耀祖，也有人谦逊度日；有人追求名利，也有人渴望爱情；有人喜好独占，也有人乐于分享。

——拉尔夫·爱默生，美国思想家

几十年前，安迪·沃霍尔（波普艺术的代表人物）曾预言，将来每个人都会享有15分钟的名气。但是所有曾经上过有线电视新闻的人会告诉你，15分钟已经算是相当长的一段时间了，就连娱乐新闻里的名人也不敢奢望有这么长的报道。科技，特别是信息技术不断推陈出新，使成功的速度变得快到让人措手不及。我们必须明白，如今的世界讲究更快、更便宜，这样你可以付出更多，得到更多。我们必须明白，如今所谓的成功已经倾向于追求快速致富和极致表现，我们必须了解这样的倾向对一般人对成功的期待造成了什么样的影响。

——劳拉·纳什　霍华德·史蒂文森

一　成功是多面体

我们绝不能仅用一项标准衡量人生是否成功。是否成功取决于以下各项条件的配合程度：取得较高成就；达成多项有意义的人生目标；能够体验到欢乐；创造良好、持久的人际关系。

大家公认的成功定义是非常狭隘且老套的，人们多半认为，钱赚得愈多或是愈出名，就会愈快乐。一般人认为成功自然是“愈多愈好”，譬如钱赚得愈多愈好。问题是，如果我们把成功窄化成赚大钱这一件事，我们将永远无法获得满足，因为如果每个人都想成为百万富豪，那岂不是得当个亿万富豪才叫成功？这种竞赛将永无止境。

这个定义有一个问题，那就是许多事业成功的人并非真的“拥有一切”。况且，一大波原本意气风发的投机人士，后来却被指控欺诈而吃上官司，最终证明根本就不值得我们羡慕和效仿。所以，成功的概念必须涵盖许多方面，必须能够更真实地反映每个人特有的价值、需求及理想。

1. 描绘成功图景

排除了名与利，成功真正的核心意义包含以下四个范畴：

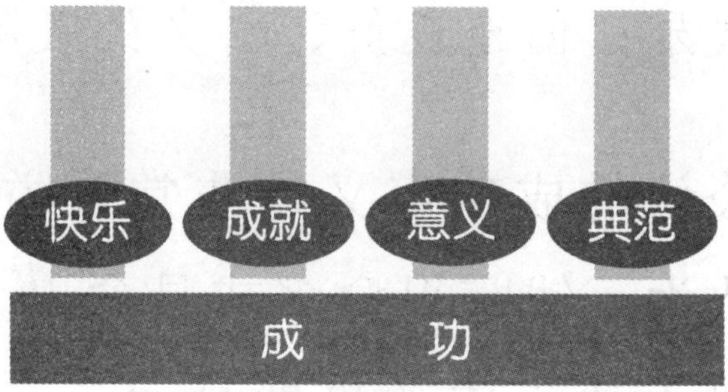

◎快乐：你对人生感到愉悦满足。当你快乐时，会觉得事事顺心、怡然自得。

◎成就：你觉得自己的表现与同事以及志同道合的人相比毫不逊色。当你在努力完成某项了不起的任务时，就会觉得自己是个赢家。

◎意义：你能够对最亲近和最重视的人发挥正面的影响。当你的人生和事业对其他人来说占有举足轻重的地位时，你会觉得自己的所作所为是有意义的。

◎典范：你建立个人价值及成就的方式足以作为启发后继者的楷模，而这种为人榜样的实质是，你能够把自己的成就延续到未来。

以上四个范畴形成了成功的基本结构，缺少其中任何一项，人们都不会觉得自己是成功的。获得成功及满足感的关键就在于维持这四个范畴间的平衡。

请注意，如何实现这种平衡则完全取决于个人的选择。每个人都会勾勒出自己对成功的一套看法，而该看法将如实反映出个人的价值观。同样，企业也会根据各自的价值体系来界定成功。

要想了解及勾画出自身或是所在企业特有的成功图景，你必须做到下面几点：

（1）设定基准。写下你目前从事的所有活动，并将这些活动归纳到工作、家庭、个人及社区等类别中，进而明确上述四个范畴在你心目中的比重。

（2）勾勒结构。你可以根据自身情况，整理出自己的成功组合图。

（3）回顾理想。请在这四个范畴内，分别写下至少一个你希望完成并且会让你觉得自己真正成功了的重要活动。为了让这个图景更清楚，你不妨想想以下这几个问题：

◎我想要征服哪一项最具有建设性的挑战？

◎我理想中的人生应该实现哪些成就？

◎为了获得成功，我愿意放弃哪些东西？

◎我们的组织最想在哪一方面领先群雄？

◎我们想要为什么人创造价值？

◎我们的组织想要树立什么样的典范？

（4）征求意见。与你的配偶、至交、精神导师或其他了解你的人畅谈，问他们是否认同你所勾画的成功图景，以及他们对你的未来有什么建议。说不定你会发现，他们比你更了解你自己。至于你的组织如何定义成功，不妨找同事、主管、战略伙伴以及其他因为合作而了解你的人聊一聊。

请记住，我们之所以必须厘清自己对成功的定义，主要是为了调整自己目前的状态。此时你会想要大致了解自己或是所在的组织以往究竟作了什么决定，把你或该组织带领到现在这种状态。这并不是一个深入的分析，它只是帮助你了解你想达成的成功目标大致上各自占有多大的比重。

关键思维

要想挣脱成功的压力所形成的牢笼，光是追求极度简朴或极度富裕是不够的，你必须懂得设定恰当的标准。这样一来你就可以胜券在握，并据此评估自己的能力，为你的下一个目标设定新的情境。这种逐步积累的成就能让我们一路成功，且不会偏离自己对成功的核心定义。你不必孤注一掷就能够决定如何踏出下一步，并且能够清楚你必须完成哪些事情才能取得恰到好处的成功，在你重视的家庭、工作、自我表达、社区地位等方面获得满足感。

——劳拉·纳什 霍华德·史蒂文森

2. 探究成功的基础

有了上述草图之后，你就可以更深入地探索，要想成功，你自身或所在的组织未来必须做哪些事情。你的成功图景同样基于四项要素，即价值观与信念、情绪上的需求、技能及情境。

(1) 价值观与信念。

我们会依据个人的价值观判断哪些事情重要，哪些事情不重要；信念则是你认为理想世界应该呈现的样子。把价值观与信念结合起来，我们可以：

◎明确目标。

◎拥有衡量事物轻重缓急的标准。

◎建立日后正确行事的基础。

为了让你的决策和行动能够与你的核心价值

观及信念紧密结合，你必须能够随时回答下面三个问题：

◎什么才是合法的？（我们重视守法。）

◎哪些行为是不能接受的？（我们有很高的道德标准。）

◎什么才是值得拥有的？（我们坚持理想。）

（2）情绪上的需求。

一个人的情绪组成是复杂多变的，至于一个组织的情绪组成，那就更复杂了。情绪由内心深层次的需求和向往驱动而产生，你必须充分使用完整的情绪调色盘，才能如实描绘成功。情绪与成功的四个范畴有着直接的关系：

◎当你对自己以及人生感到满意、对日常生活感到满足时，就会觉得快乐。你因为感到满足和充实而获得更强烈的动机，想要达成更多目标。

◎事业成功的人会拼命想要解决难题，仿佛他们命该如此。然而光解决难题是不够的，只有在别人也非常重视这些问题的时候，你才会真正获得成就感。

◎意义是欢乐与同理心的结合物，代表一个人如何在现在与未来之间，在自己想要做的事与对别人重要的事之间取得平衡。许多商界人士会回馈社会，因为他们认为这是理所应当的，同时也是人生有意义的一种表现。

◎要树立典范必须着眼于未来。这就要求你以合适的方法创造成就，使后继者能够参考、借鉴。要树立典范，你必须投入情感，让自己产生一种个人满足感，这种满足感是其他方式无法取得或复制的。

（3）技能。

你特有的能力与技术决定了你有什么拿得出手。如果你想尽可能施展自己的能力并完成应该做到的事情，必须做到以下几点：

◎明白并重视自己已经拥有的技能。

◎找到能够发挥自身技能的工作。

◎通过投资自己拓展和加强自身技能。

◎把技能应用到合适的活动和工作中。

就算是技术高超的人也不可能事事亲力亲为，因此大多数成就非凡的人会选择跟拥有不同技能的人通力合作。说得现实点，你必须尽可能帮助别人，这样才有资格把别人的协助转化为资源，达成你自己的目标。

（4）情境。

如果没有被放置在正确的情境里，价值观与信念、情绪的需求以及技能这三项要素是无法成事的。情境能够提供参照点，让你知道自己正在做什么。

情境指的是你生活与工作的环境。成就非凡的人一旦发现自己没有任何成长的机会，就会非常乐意改变自己所处的情境。现今许多组织面临的挑战是如何协助员工建立合适的情境，使员工能够在成就自我的同时，达到组织的要求。在企业中，个人作出和执行决策的平台就是其所处的情境。

关键思维

任何人若能认真看待这四项要素，很快就会明白它们背后的人生目标有多复杂。成功的目标不会永远干净利落地落入四个范畴中的一个，但这样的分类可以帮你厘清互相冲突的冲动念头，摆脱混乱状态。只要你明白自己心中真正渴望的是什么，就能更清楚地知道自己该追求什么目标，以及必须完成哪些事情才能实现这个目标。你不仅要知道成功应该包含哪些要素，还必须了解哪些情绪能够促使我们成功。

——劳拉·纳什　霍华德·史蒂文森

组织机构从市场交易、投资人投的信任票、社区对它们的拥戴以及员工的辛勤工作来验证其成功。如果缺少了价值观、技能、对情境的了解以及情绪需求等因素，上述成功将无从谈起。如果企业不能让员工觉得为公司付出是件有意义的事，那么薪水再高，他们也不会对公司忠心不二。

——劳拉·纳什　霍华德·史蒂文森

二　成功是一组移动的靶标

你对成功的定义会随着人生及事业的发展而发生巨大变化。成功就像有多个靶心且不断移动的靶标，因此，每个人最终都要依据自己的想法给成功下定义。在追寻成功时我们应当做到不枉此行，而不是非得等到命中靶标时，才享受自己努力得来的成果。

当个人或组织的事业刚开始的时候，他们设定的成功组合多半会如下图所示：

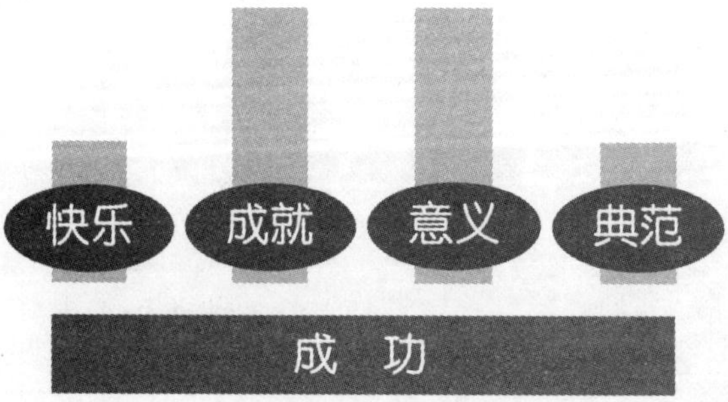

换言之，人们渴望能够获得了不起的成就，

好一举扬名天下。个人刚踏入社会时，常以为只要能变成百万富翁，所有的烦恼就会一扫而空；企业则以为，只要能熬过草创阶段，且每年的营收达到千万元，往后就能一帆风顺。

然而过一阵子大家就会发现，成功并不像自己当初所想的那么简单。好比说刚踏入社会时，你为了替自己的事业打造稳固的基础，对于牺牲家庭生活不以为意。但时间一久你会发现，以这种方式追求事业成功再也无法吸引你，并且让你无法接受。这时你可能会扩大成功的定义，认为还要再加上美满的家庭才算完整的成功，这时你所勾勒的成功组合可能如下图所示：

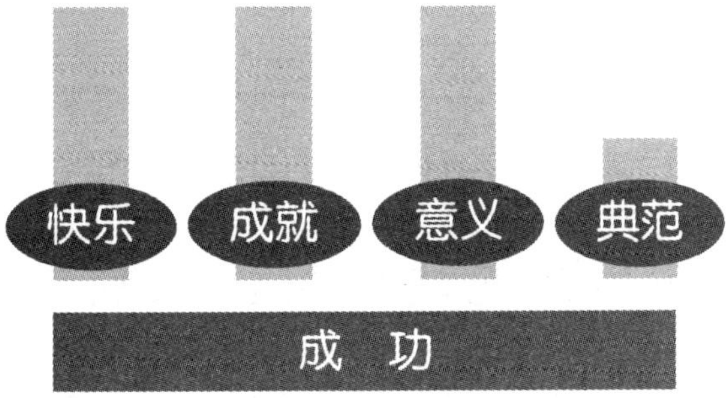

之后，你又看到媒体报道某个人事事圆满，于是你开始效法他，并打定主意自己也要拥有一切。现在，你不再一心一意积累金钱及权势，你还会想到自己要快乐，要营造美满的家庭，并且要对社会有所贡献。

重点在于，成功绝对无法被精简成单一的概念。成功的含义其实是非常多元的，由很多互相冲突、互相竞争的选项组成。成功本身就是个多面体，而且还会不断地演变。成功并不是一个静止不动的靶标，也并不存在某种单一的行为能够决定我们的成败。从一大堆令人眼花缭乱的选择中，人们才能窥见成功的真谛，并取得“持久型成功”。

究竟什么才真正称得上持久型成功呢？持久型成功是指你不断地达成自己以及你最在乎的人一生都认可的目标，这种成功充分印证了“成功是一组移动的靶标”的概念。如果我们能够做到以下几点，就比较容易获得持久型成功：

◎看清楚大局——把成功视为一种不断发展和演变的组合模式，而非一成不变的终点。

◎规划自己的志向——你需要清楚自己应该对哪些事情全力以赴，放弃哪些事情，这样才能获得最大的成功。

◎目标对你而言是机会而非威胁——你不会因一心渴望未来的成功而无法领略当下点滴成就带来的快乐。

绝大多数人都犯了追求“名人型成功”的错误。媒体最爱报道那种不大可能发财的人一夜暴富的故事。名人型成功具有以下几个特点：

◎总是标榜前途无量，鼓励大家对人生采取大胆尝试、努力争取的心态及做法。

◎往往很不全面。这类故事绝不会如实告诉你要付出多少代价和牺牲才能换来非凡的成就。从某些方面来看，名人型成功更像是神话，并不能当真，因为其中许多不堪的情节已经被删除了。

◎轰动一时但不够深入。将成功者多年的辛苦奋斗一笔带过，只讲述一两段精彩的情节。

◎从不歌颂坚持不懈的价值，而是大力鼓吹一步登天的成功。

◎从不把基本的道德规范放在眼里。完全不理会个人生活是否有节制，是否奉行较高的道德标准，而是认为为达目的可以不择手段，只要能赢过别人，作奸犯科、内线交易也无妨。

◎貌似前途无量，实为空头支票。以往我们必须努力打拼才能出人头地，但名人型的成功多半是平步青云。

◎故事中的主人公遇事总能逢凶化吉。现实世界中没有人能事事顺心，真正的成功绝不像媒体所描绘的那般轻而易举。

◎相当片面和肤浅。

很少有名人经得起时间的考验。名人的成功传奇在大众中盛传，部分原因是媒体运用信息技术，对其大肆宣扬炒作。大家不断创造一夜暴富的故事，这些故事被包装成精美的焦点新闻，登上各种排行榜——畅销书排行榜、最佳股本回报率排行榜、名校排行榜等。但是过一阵子之后，大家最终会对追逐当红名人感到厌倦，因为他们刚开始适应某个名人的成功事迹，马上就有一个更新更棒的名人成功传奇上场了。

归纳上述情况，我们会发现名人型的成功故事常常表现为：

◎断章取义，无法窥见事情全貌。

◎以自我为中心。

◎标榜天下确实有免费的午餐。

◎完全不理会真实世界中的种种限制及责任。

◎呆板机械，认为所有事物非黑即白。

◎故事情节只朝一个方向发展，非凡的成功一个接着一个出现。

◎虽有新鲜感但缺少变化。

持久型成功却与之相反，要想获得持久型成

功，我们必须做到下列几件事：

◎采取多元观点，接纳他人的看法。

◎发挥人类特有的追求和分享成就的能力。

◎愿意付出代价，巧妙安排事情的优先顺序，应对互相冲突的需求。

◎运用有限的资源，应对各种限制。

◎积累大大小小的胜利以及未能成功的尝试。

◎能接受时好时坏的状态。

持久型成功是复杂的，不像名人型成功那般只有一种模式。对于持久型成功来说，并没有一个终点，标志着“你已经成功了”。这世上也没有一种保证成功的秘诀。你在多个领域投入努力，追求多个目标的时候，每一个目标都能让你获益良多。只要你持之以恒，最后一定能实现自己的理想。

持久型成功不仅仅是一套价值观、一组靶标，它意味着你必须懂得如何把个人的价值观落实到多项目标上。换句话说，你必须取得以下四项重要成果，才算是获得了持久型成功：

◎你必须让自己发挥愈来愈优异的表现，纵使在成长的过程中只有小小的胜利，你也并不气馁，反而甘之如饴。

◎你必须努力去做些对你很重要的事情，即你认为美好人生中不可或缺、很有意义的事情。

◎你必须做些对社会和对你在意的人有价值的贡献。

◎你必须做些具有长远效果的事情，从而对别人产生深远影响。

能够持久成功的人多半具有下列个性与特质：

◎气定神闲。他们能够远离纷争、综观全局，分得清孰轻孰重，并能全力以赴探索极限。

◎着眼实际。他们不会一再套用以往的制胜手段，而是以务实的眼光找出在当今世界胜出的方法。

◎坚韧不拔。他们不畏挫折和失败，坚持向目标努力迈进。

◎刚正不阿。他们非常诚实，能够信守诺言，并且不论何时何地皆言行一致。

◎步调稳健。他们定时休息及充电，不会把全部时间都用来追求成就。任何伟大的成就都需要花时间才能达成，成功人士愿意慢工出细活。

◎享受过程。对于追求成功这件事，他们乐在其中。

◎重视家庭。他们在追求成功时并不会忽略家人，而是带领家人一同前进。

◎热心公益。他们非常注意周遭的环境，也会留心整个社会的脉动，不会只关心自己的事业。

◎多才多艺。他们经验丰富，适应力强，而且拥有各种技能。

◎谦逊感恩。他们绝不自大，所以不会扭曲地看待现实情况。他们对自己的成就满怀感恩，对共事的人怀有并表达谢意。

◎大方分享。他们不仅抱持知足常乐的心态，而且大方地与每一个人分享他们的成就。

持久型成功可以提升生活品质，令人心满意足，是享有快乐人生的基本原则。我们需要以稳健的步伐，而不是狂热的状态去追求梦想；我们需要客观评估和运用自己的精力、技能和需求。持久型成功不求对外张扬，而适合与你最亲近的人一同分享。

关键思维

对大多数人而言，想要追逐不断移动且难以预测的成功靶标，就像参加一场战争，移动式靶标常常让人精疲力竭且心生恐惧。

——劳拉·纳什　霍华德·史蒂文森

取得持久型成功的人往往有许多目标，而且他们打定主意每天只应付一个目标。他们的各个目标之间有着严重的冲突，因此，穿梭于各种情绪和竞技场的能力就显得格外重要。如今许多上班族心中充满压力，就是因为缺乏处理这类问题的能力。

——劳拉·纳什　霍华德·史蒂文森

三 “恰到好处”的真义

我们必须有能力恰当地定义成功的内涵，这样才能让自己觉得生活是美好的。如果能把这种“恰到好处”的心态应用到前述的成功的四个范畴上，我们就能够确定自己的人生步调，并享受努力得来的奖赏。以这种方式追求成功，我们将既能持久作出贡献，又能过得充实丰富。

既然成功是一组具有多个靶心的移动靶标，我们如何在一段时间内命中全部目标？答案就在于抱持一种“恰到好处”的态度。换句话说，与其拼了命地想要得到一切，不如满足自己在各个范畴里的特定需求。

大多数人很容易把成功定义得太过狭隘，把成功想成是某一个远大的目标，只要达成这个目标，其他的一切将水到渠成。但事实并没有那么简单。你不应浪费时间去寻觅那个远大的目标，而是应该同时追求成功的四个范畴——快乐、成就、意义和典范。

我们可以用下面的图示来说明“恰到好处”的理念：

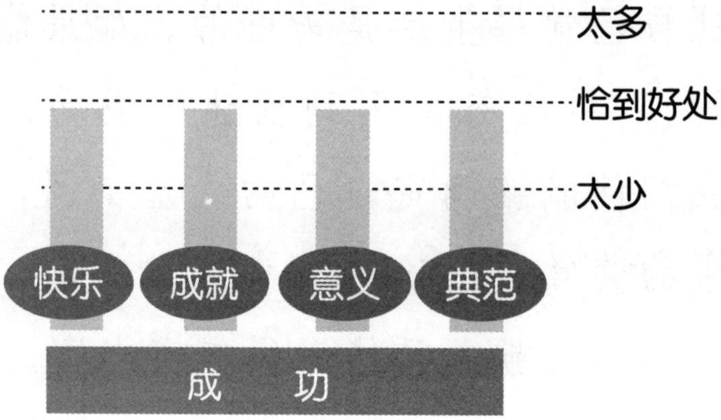

每达成一项目标，你就能巩固其中的一个范畴。如果每个范畴都不贪多，做到恰到好处，你就会有时间去发展一种丰富且面面俱到的状态。在逐步建立这种状态的同时，你能够强化成功的基础，解决其中的冲突；你能够更确切地说明什么才是自己追求的美好人生；你会对自己的决定作更周全、更理性的考虑，并因此变得更有智慧、更有见地。

那么如何衡量这四个范畴是否达到了恰到好处的程度？

（1）快乐。没有人能够逼你快乐，你这一生过得快不快乐，全由你自己决定，他人无可置喙。当然，你也无法真正体会别人的快乐，并把别人的快乐变成你的快乐，就算是自己儿女的快乐也不成。只有亲身去体验，你才能知道自己是否拥有快乐，究竟多少快乐才算刚好也全由你自己做主。你自主决定什么事情能让你快乐，并承担相应的后果。不过请你记住，真正的快乐鲜少是因为拥有某种物质财富。许多人一辈子拼命工作，只为了买下他们以为会带来快乐的东西，最后却发现自己追逐的只是快乐的影子。

（2）成就。所有成就的高低都是通过和别人比较这一外在标准来衡量的，但对自身成就的感知却取决于自己。你的成就或许会对别人造成影响，丰富他们的人生，但只有你一个人能够体会这份满足感。到底多大的成就才算恰到好处？你必须好好想一想，要拿什么作为参考标准。你误以为达成某些目标就算是取得成就，并将自此一帆风顺，因而规定自己必须获得多大的财富或过上怎样的生活。但事实上，一旦你取得那样的成绩，势必又会遇上另一组困难与问题。因此，你不妨选择一个既能够让你感到满意又无需牺牲其他快乐的成就标准。

（3）意义。若想拥有意义，你必须先确定自己要服务的对象是谁，以及他们最重视哪些行为。换句话说，你必须以行动展现自己对他们的热爱。你必须了解你服务的对象，并且做你和对方都很重视的事情，这样才能使生活具有意义。

（4）典范。日后能够帮助别人成功的行为就是一种相当好的典范。这与你身后的评价没有多大的关系，而是指你个人的某些特质能够延续下去，帮助其他人取得成功。树立典范还必须具备一种“舍得”的精神——你留给后世子孙某样很有价值的东西，供他们学习和利用。你必须具有同理心，大方贡献你个人最重视的宝贝，丰富他人的生命，进而在这一范畴做到恰到好处。

要让上述四个范畴全部达到恰到好处的状态是一件很困难的事。你必须随时调整每个范畴的比重，其中必然存在许多冲突，需要你小心化解。还有，别人是否采取“礼尚往来”的态度也会影响你的决定。如果别人对你向他们提供的东西不以为意，那么你最好再思考一下，确定自己是否真的想清楚了。

关于这项内容还有以下几点必须注意：

（1）你的目标必须兼顾理想与现实。也就是说，你固然想要设定一些能够激发你全力以赴的目标，但也不要让目标高到唯有工作狂才能完成的地步。最好仔细盘算一下该目标所需的最低工作量，并确认你能够负荷得了。

（2）能够设法令自己以及别人都成功的人，才是真正的领导者。你需要一些外在的奖励来证实你的成就，因此，带着别人一起努力吧。良好的人际关系一直都是成功最重要的一项定义。

（3）究竟每个范畴达到什么样的程度才算是恰到好处，这个问题的答案主要取决于你是什么样的人，而非你得到了什么东西。至于你认为自己是什么样的人，一方面取决于你的自我认知，另一方面则是和榜样比较的结果。在追求成功的过程中，要慎选比较对象，记住千万别拿自己跟前述的名人型成功者相比。

请注意，时间会大大影响你对四个范畴的恰当比重的认定：

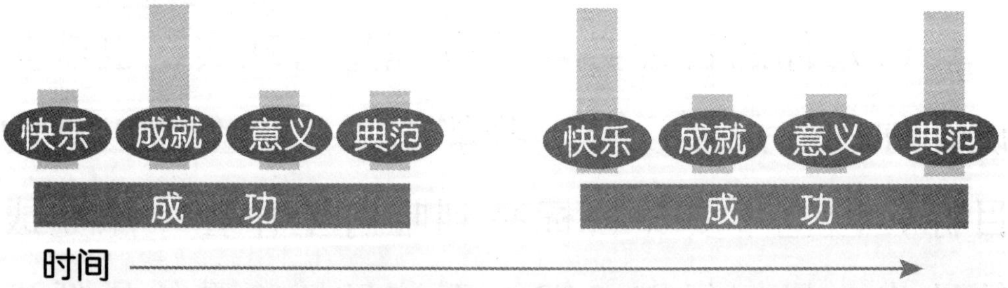

在你刚踏入社会时，你可能愿意牺牲一切，好让自己有一番成就。但是随着时光流逝，你的着眼点也会跟着改变。到你快退休时，你可能会花较多的时间去想如何为后代子孙树立典范，如何为你重视的人带来更多的快乐。这是一种很自然的改变，我们应当鼓励，而不是压制。

同样，当你为人父母或是担任某公司的CEO时，你就不能单单以自己的想法为标准去裁夺什么样的成功才算恰到好处，而是应该汇集家庭或公司全体成员的看法后再共同决定。有时候孩子或员工会欣然接受父母或老板的看法，但有时候则不会。这些情况都会因为时间及其他因素而发生改变。

一般而言，在决定什么样的状况才算是恰到好处时，我们会经历四个重要阶段：

（1）认识。在这个阶段，你必须针对成功的四个范畴，分别找出哪些事情能够真正让你感到满足，哪些事情不能。同时你还要更深刻地了解那些能够帮助你获得持久型成功的事情，即你的核心价值观、个人能力、所处情境及情感需求等。

（2）评估。在这一阶段，你要弄明白为什么某些事情对你意义重大，而这些事情又应该归类到四个范畴中的哪一个。除非你能够理性地评估自己的抉择，不感情用事，否则日后遇到难题时，你将很难作决定。

（3）调整。你不可能完成你想到的每一件事，而调整则意味着衡量各个备选方案的相对重要性。你必须判定哪些事情只需要最少的资源却能够产生最大的收益，而哪些却只能创造边际价值。

（4）接受。恰到好处的理念意味着你能够坦然接受局限，并对这些局限感到满意。接受局限表示你觉得自己的抉择以及行动非常恰当。当你获得恰到好处的快乐、成就、意义与典范时，当你让这四个范畴保持适当的平衡时，你自然就会愿意接受这样的状态。

这样的成功结构能让你获得金钱买不到的东西——成就感和富足感。当你从成功的四个领域分别提取适当的剂量，放进你的人生或是你所在的组织时，你会觉得很开心，你会为自己的表现以及未来的前途感到满意。

此外，还有几个要点必须谨记：

（1）优秀的领导者可以非常快速地转换他们的定位，因而能够同时开展好几项任务。他们不单为满足自己的需求而努力，还会不断寻找新的机会向前迈进，如果你想成为公司的领导者，就要设法让自己更善于应付多种挑战。

（2）伟大组织与其他组织的主要区别在于，它们有办法让最重要的员工兼顾事业与生活，在四个范畴内取得成功。如果组织对员工的要求过多，致使他们无法追求事业之外的成功，那么员工就会因为精疲力竭而想跳槽。好的组织会留心避免发生这种情况，因为它们希望留住优秀的人才。

（3）恰到好处的理念要求你主动为自己无穷的欲望加上一些限制，这么做是对的，否则最后你会陷于无止境的欲望不可自拔。恰到好处的理念让你能够理性地设定目标。

（4）大多数人会用绝对性的字眼来形容他们的目标。如此一来，人们会觉得自己永远无法取得足够的快乐、成就、意义和典范。他们老觉得自己工作不够拼命，所以没资格成功。恰到好处的理念让人们不再因为拼命追求遥不可及的目标而感到挫败，它符合实际，没有人做不到。这个理念还可作为一项工具，让人们在理想与现实之间取得平衡，让他们的伟大抱负落到实处。

请记住成功的四个范畴都有其各自的时间特性：

（1）快乐只能在当下充分体验。人在快乐时，往往会忘了时间。你能对未来充满希望，却无法让未来充满快乐。同样，你可以对过往有着美好的感觉，但你所能做的只是回味当时的感受，而无法真正再次体验彼时的快乐。

（2）成就是你当下体会到的感受，它建立在你过去作为的基础上，并与你对未来的展望有关。

（3）意义涉及现在与未来。今日你对你关心的人慷慨付出，希望以后能够对他们有所帮助。意义与成就恰好相反，意义要求现在行动，等到日后别人评价你的作为时，你才从好评价中得到乐趣。

（4）树立典范完全是一种以未来为导向的活动。典范建立在你过去和现在的成就之上，但要等到日后才会显现。

如果你能够谨记以上各个范畴的时间特性，就有更多机会获得令你满意的体验。在你追求持久型成功的过程中，会出现一些不易解决的现实状况：

（1）你会有互相冲突的欲望。例如，你希望事业成功而且有钱有势，但同时还能抽出时间陪伴孩子；或者你一心想要晋升，却又拒绝被外派到其他国家，因为那可能非常麻烦；你希望自己能够财务独立，却又不肯牺牲个人的享乐。

（2）你发现某件事（譬如赚钱）并不能让你得到想要的一切。原本你以为只要有钱有名声，其他的都是细枝末节而已，却发现事实并非如此。

在面对上述这两种令人不悦的现实状况时，大多数人会采取以下两种不同的应对策略：

（1）孤注一掷。采取这种策略的人，对主要目标之外的事情一概不理会，认为只要有足够多的钱，所有问题都将迎刃而解。他们只专注于一个目标，认为其他事情会水到渠成。

（2）循序渐进。采取这种策略的人刚踏入社会时，全力冲事业、拼赚钱，等到这个目标实现之后，再回过头来追求其他事物。不过你必须要有心理准备，你得先付出代价。这种人心里头多半会有一张粗略的时间表：二十多岁的时候全力学习，三四十岁时全力赚钱，五十岁以后做些事情回馈社会。

以上两种策略的问题在于，两者都假定自己会很乐意花上一二十年的时间，不辞劳苦地拼命工作，任凭生命中的某些部分留白，期待日后再将这些空缺填补起来。然而遵循上述策略的人会发现，日后当他们功成名就时，身边却没有家人可以共享天伦，没有朋友可以联络感情，也没有任何事情能让他们提起兴趣去追寻。

如果你认为不应该搁置大好人生，等到日后再来享受，那么还有第三种策略可以参考——迂回前进。你可以每天（甚至每分钟）都把注意力分散于成功的四个范畴，花时间对其进行思考，并让自己的情绪也随之转换。你要确保自己的想法具有连贯性，以便明白各个范畴在什么状况下才算是恰到好处，进而使它们保持平衡。你还必须能够随着时间的推移，调整自己对这种平衡的看法。

简言之，成功人士会经常留意人生的这四个方面。他们会依据自己对成功的整体看法，切换和安排自己的各种作为。多亏主动设限和遵循恰到好处的原则，他们在追求成功的过程中懂得适可而止，因此比把全部时间及精力投入某项活动上的人收获得更多。要让该策略奏效，关键在于树立恰到好处的心态，这种生活哲学具有以下好处：

◎它像一个推动者，让你的梦想得以落实。

◎它把客观局限变成对生活方式的积极选择——正因为你对生活的各个领域设限，才得到更全面、更丰富的人生。

◎它让你获得即时的满足——你不必总是为了未知的未来而牺牲眼前的快乐，现在你就可以开始享受人生。

◎它是进步的，不是保守的——你可以决定自己想要取得哪些成就，并拓宽自己的眼界，而不是不断地拉高目标。

◎它可以终结你爱比较的习惯，使你不再羡慕别人丰富多彩的生活，而是活出自己的精彩。

◎它让你懂得欣赏自己拥有的事物——世上总有许多人是你比不上的，但恰到好处的心态能使你找到并努力争取让自己感到满意的事情。

◎它提供了一个让你实现成功的结构，从而促使你拓展自己的能力，突破自我。

◎它让你觉得自己已经解决了人生的一大问题，可以放手成就更多的目标。

◎它帮助你维持人生的动态平衡，对于取得持久型成功而言必不可少。

关键思维

我们总是在做生活的准备工作，却从未好好活在当下。

——拉尔夫·爱默生，美国思想家

我们并不是要教你变成别人所期待的那种成功者，而是教你如何有效洞察和兼顾自己今后不同的志向。我们并未仰赖名人证明我们的论点，所以你也不该如此。如果你想面对成功的诸多挑战和回报，首先必须弄清楚成功是什么。我们相信每一个人对于成功都自有一套看法，且应设法努力落实它。

——劳拉·纳什　霍华德·史蒂文森

恰到好处的人生哲学提出了一种很有弹性的成功标准，其强而有力的新理念让大家可以摆脱因追求成功而带来的压力，也让我们知道如何抉择人生，把精力放在人类社会最重要的需求上。我们只要搞清楚自己复杂的特性，了解自己有哪些选择、哪些需求，就能够预见那些可能会阻碍我们营建美好人生及美好社会的对立势力，并找到出路。

——劳拉·纳什　霍华德·史蒂文森

自律的力量

21 项守则帮你摆脱借口

No Excuses!

The Power of Self - Discipline

原著作者简介

布莱恩·崔西(Brian Tracy)，布莱恩·崔西国际管理顾问公司董事长，该公司致力于个人及组织的培训和发展。他担任过上千家公司的顾问，在美国、加拿大等 55 个国家出席了约 5000 场演讲及座谈，演讲主题涵盖领导、销售、策略、创意及成功学等，累计听众达 500 万人次，且其听众仍在以每年 25 万的速度增加。他还著有 45 本企管畅销书，这些书被翻译成多种语言，其中包括《成功不难，习惯而已》、《10 年之后我是谁》、《吃了那只青蛙》和《卓越领导人的领导力》等。在创办公司前，他曾在一家价值 2.65 亿美元的研发公司担任运营官，在营销、投资、房地产开发、银团贷款、进口、分销和管理咨询领域都有丰富的资历。毕业于加拿大阿尔伯塔大学。

本文编译：乐为良

主要内容

5分钟摘要

自律是富足人生的关键

许多人认为成功全凭运气或是天赋异禀，但多数成功人士其实只用一个简单方法就能够取得成就——自律。输家找借口，赢家求进步。加强自律意味着你保证自己最终会克服障碍，创造属于自己的美好人生。

几乎每个人迟早都会了解，生活并不是为了更美好的事物所进行的彩排。想要成功并且超越一般人，你必须抢占先机，让生命和事业中的好事成真，而唯有自律才可能让你实现这个目标。更务实地说，自律是开启每扇成功大门的钥匙。你必须停止寻找借口，培养自律的能力，如此才能在人生旅途中勇往直前并最终脱颖而出。要发挥个人全部潜能，完成所有应该做到的事，必须在三个关键领域努力加强自律：

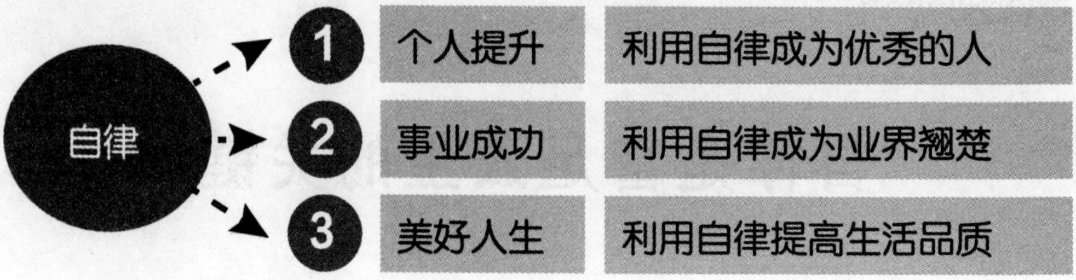

关键思维

自律是在必要的时候做你该做的事，不论你想还是不想。

——阿尔伯特·哈伯德

美国历史上最多产的作家之一

成功只有三个要求：首先，确定生命的目标；其次，确定为了追求目标所愿意付出的代价；最后，也是最重要的，全心全意地付出代价。

——H. L. 亨特，石油大亨

纪律是目标和成就之间的桥梁。

——吉姆·罗恩，美国著名企业领袖

一　个人提升守则

生命中的成就，与其说取决于你做了什么，或是得到什么，不如说取决于你养成了怎样的人格。首先要了解如何运用自律成为优秀的人，然后把对于成就自我必不可少的自律融入你的人格和个性之中。

守则1　作好长期奋战的准备

除非你准备投入多数人不愿意付出的心力，否则别奢望养成自律的品格。成就较小的人一般倾向于做得愈少愈好，并且专找捷径。如果你能严格要求自己，以持之以恒的努力付出必要的代价，你就能得到持久型成功。

宇宙的铁律是因果定律：对于每一个结果，必有其特定的一个原因或一系列原因。要决定自己想取得多大的成功，先要弄清楚自己想要付出多少努力，并且切实执行。成功永远是你处处用心、日复一日不断奋斗的结果。下决心比以往任何时候都要更努力，如此一来你就走在正确的道路上了。

如果你下定决心找专家学习，而不是任由自己犯下各种错误，你还可以强化自己努力的品质和效果。多向你所在领域中已经很有成就的人请教，如果你够聪敏，这可以为你省下数年的时间。下定决心在自己的行业中学习到老并且学以致用，永远不要停止进步和付出。

关键思维

只要你念念不忘，你就能得到。

——约翰·博伊尔，教师

成功者习惯去做失败者不愿做的事。

——赫伯特·格雷，商人

守则 2　成为品格高尚的人

你的人格就是你一生作过的所有选择和决定的总和。当你作出理想的决定并依照自己的信念生活时，你的人格会随着时间的推移而深化和加强。依照自己的价值观生活，你会拥有完整的人格并获得心灵上的平静。要想活得更精彩，就要做个有荣誉感和有个性的人，做个随时随地能够做该做的事情的人。你可以做到这点，只要你：

◎告诉别人，尤其是自己的孩子，你的价值观的重要性和明智之处。

◎从他人，尤其是从取得了你推崇的成就的榜样人物身上，研究你敬佩的价值观。

◎采取行动模仿你内心景仰的英雄人物和名人，身体力行你尊重的价值观，你将永远拥有完整的人格和鲜明的个性。

你的个性由三个要素组成：

◎你的个人理想。它由你抱持的价值观、目标和理想，以及你最崇拜的人的价值观、目标和理想所组成。成就非凡的人对自己是谁、采取什么立场了解得一清二楚。

◎你的自我形象，即你如何看待自己。多数人形诸于外的行为，取决于他们对自己内在的认定。你应该不断努力提升自己的内在形象。

◎你的自尊自爱，即你有多喜欢自己。如果你的行为与自己的价值观和你想效法的榜样一致，你会对自己的所作所为感觉很好。

全心做好这三个要素的每一项，努力培养自己强而有力的个性。自律品质对坚韧不拔的人格而言必不可少，做到严格自律，你会感觉万事美好，为自己正朝着卓越不凡的方向迈进感到高兴。

关键思维

要求自己达到比别人预期更高的标准。不要替自己找借口；不要自怨自艾。严格管束自己，宽容对待他人。

——亨利·沃德·比彻，19世纪牧师

守则3　为自己的生命负责

没有人会违反你的意愿，强迫你非成功不可。要改变你的外在环境，你必须行动起来，使好事发生。你的财务状况、健康状况和未来成就全部操之在你，因此务必赶快采取行动。

尤其别再怀有你“实际上值更多钱”的想法，此种想法完全是浪费时间。你的所得取决于你提供给雇主或客户的价值，如果你想要更高的收入，就要寻找和采取更好的办法创造更多的价值。你需要找到实际可行的方式，持续创造更多的价值，并为自己保留部分新增的价值。同时记住你不仅要对你的收入负责，还要对以下事项负责：

◎妥善安排投资。

◎准时缴纳账单。

◎确保退休时财务无虞。

应对上述事项的唯一方法就是采取行动，让好事成真。不论出现哪种情况，提醒自己：“对此我责无旁贷，我该做什么才能让事情有进展呢?”用这种责任感激励自己采取行动。

守则4 设定目标，并为实现目标坚持不懈

设定目标并坚持不懈地付出努力是自律非常重要的一种表现。这个简单的动作可以让你做成更多重要的事，比任何方法都有用。花些时间决定你究竟想要什么，这会改变你的一生。多项研究表明：

◎只有3%的人曾经写下目标，但这3%的人赚到的钱，超过其他97%的人赚到的钱加起来的总和。

◎把目标付诸文字会使其成功几率提高10倍，因为把目标写下来会迫使你更清楚地思考并专心致志，还会将你的目标深深植入你的潜意识。

◎把目标写下来后，你每天去努力实现它的可能性将增加。

基于这些事实，有七个步骤可以助你完成10

倍于过去的事：

1. 确定想达成的目标，对目标的规划愈生动细致愈好。
2. 记下一切，即把目标写在纸上，必要时可以修改。
3. 为每个目标设定期限，即制定一个合理的日程表。
4. 完整列出所有有助于达成目标的事项。
5. 根据轻重缓急列出行动清单，并制订行动计划。
6. 立即开始实践行动，千万不要拖延，不要等到有时间才做。
7. 每天做一些事，朝你的目标方向前进。

关键思维

凡是有心在商界爬到巅峰的人，必须了解习惯的强大力量。他必须迅速认清导致自己遭受挫败的习惯，并且立即采取行动，养成可以帮助自己获得成功的习惯。

——保罗·盖蒂，加州盖蒂博物馆创建人

一旦你掌握了自律的能量，就会变得势不可当。你将不再为毫无进展找借口，并在未来的几个月、几年中，完成许多人一辈子都做不到的事。

——布莱恩·崔西

守则5　逐步提高赚钱能力

赚钱能力是你一生中最宝贵的资产，因此一定要投入时间和精力，不断提高你的赚钱能力。21世纪的成功要靠终身学习和个人成长，要持续而稳定地提高赚钱能力，你需要：

◎找到你想效法的榜样，学习他们的成功之道。找出他们使用的战术或许可以帮你更迅速地向前迈进。模仿他们，阅读他们读过的书刊，并试着使用与他们一样的计划和工作系统，跟随杰出人士的脚步前进。

◎把跻身所处行业收入最高的20%之列作为目标，并想清楚如何实现，然后朝着这个目标逐步迈进。

◎把年收入的 3％用于自身的学习和教育，用这笔钱学会提升自我，不断进步。

总之，你不能停止学习和成长，不能停止成为行业高手的努力。每天投入一点时间，这必然会让你从表现普通变为成绩卓越。落实到每天的行动上，你在未来 10 年把收入提高 1000％的方法是：

1. 每天投入1个小时，在专业知识和技能方面激励和教育自我。
2. 养成每天早晨开始工作前写下个人目标的习惯。
3. 每天考虑所有事情的轻重缓急和个人好恶，事先拟订计划。
4. 全神贯注处理必要的工作，直到全部完成。
5. 利用上下班通勤时间，聆听能增长知识的教材。
6. 每次完成商务拜访后，问自己“我做对了什么”以及“下次能把什么做得更好”。
7. 认真对待每位会谈顾客，把他们当成你的百万美元客户。

关键思维

我们重复做什么决定了我们是什么样的人。因此，卓越不是一种行为，而是一种习惯。

——亚里士多德，古希腊哲学家

复合式学习的能量就像复利，相当惊人。你愈是学习，就愈能赚钱。你愈是学习，大脑运转得就愈好，你就愈聪明。

——布莱恩·崔西

守则 6　克服恐惧和疑虑

每个人内心深处都害怕某些东西。如果你让恐惧主导一切，你就永远无法带着自信向前迈进。因此，要想取得更多成就，就要养成好习惯，勇敢面对和解决可能让你瞬间瘫痪的恐惧。怎样做到这点呢？

◎当你感到不安的时候，暂时停下来，厘清究竟是什么事让你担心，让那些模糊的感觉走出幕后，接受检视。

◎确认如果所有令人恐惧的事不幸成真，最坏的结果可能是什么。

◎如果最坏的结果在所难免，下决心接受它，并寻找应对方法。

◎立即开始努力工作，防止最坏的结果出现。

当你以这种方式坦然面对恐惧时，你其实化解了它对你造成的痛苦。鼓起勇气的最佳方式就是采取果断的行动，朝目标迈进，让自己不去想一开始所担心的事。

关键思维

勇气不是没有恐惧，而是控制恐惧，掌握恐惧。

——马克·吐温，美国著名作家

勇气是最重要的美德，有了勇气才能去做其他的事。

——温斯顿·丘吉尔，英国前首相

守则 7　坚持到底——自律的表现

如果你坚持做对的事，将来自然而然会有能力做更多事情。即使遭遇暂时的挫折，只要坚持下去，你的自尊心就会成长，信心也会大增。

如果你习惯坚持到底，你就会积极主动。不管面对什么问题或困难，你都会寻找光明面。你会下定决心，每次暂时受挫倒地都要重新站起来。每当你发挥自律、坚守立场，你会感觉自己变得更加强大，更加势如破竹。这样的新动力指引你向前迈进、向上发展，让你未来的成就达到新高度，更上层楼。

关键思维

上帝要送你礼物时，会把它包装在麻烦之中。上帝送的礼物愈大，麻烦也就愈大。

——诺曼·文森特·皮尔

著名牧师、演讲家和作家

毅力之于人格，就如同碳之于钢。

——拿破仑·希尔，美国作家

在做出有价值的事前，你必须通过“毅力的考验”。该考验通常表现为频繁且无预警的各种“突发小考”，此时才能显现出你的本质，并让你自己和他人见识你的魄力，以及你追求成功的真正决心。

——布莱恩·崔西

二　事业成功守则

想成为自己领域内最好的10%，就要一直努力追求进步。当你在自己的事业上发挥自律时，你将学会如何成为领袖，如何更有成效地做事，并且最大限度地发挥时间的效用。在这些方面驾轻就熟之后，你的生意或职业生涯便会蓬勃发展。

守则8　总是执行价值最高的任务

令人忙碌却成效不彰的工作很容易让人分心。表现杰出的人在面对工作时，知道该优先处理哪些事务。如果任务有很高的价值，并与他们的目标方向一致，他们就会去执行，而且做得又快又好。反之，他们则不予理会，专心于原来的工作。要想往前迈进，就要培养自律精神，做到分清轻重，抓住重点。有个方法很好用，叫做

“事不过三法”：

◎找出三件最重要的事，它们最终将占到你带给公司或组织总价值的80%～90%。

◎要求自己每天随时专注在这三件事上。

◎把其他工作指派给工资较低的下属去做，或者完全置之不理。

如果想进一步提高这个方法带来的产能和创造的价值，工作时要真正专注。别浪费时间喝咖啡、与同事闲聊或上网搜索你不需要知道的事，而应整日埋头处理上司认为最重要的具体任务。坚持这么做，你的收入会提高，你会比同事升迁得更快，你的地位也会更重要。

如果每次上司进公司时，你都在工作，上司晚上离开时，你还在工作，你自然会受到注意。届时如果你去找老板说“我手上的工作已经处理得差不多了，您还需要我做什么吗”，就等于替自己贴上了“值得托付”的标签。只要出现紧急任务，需要迅速、准确地完成，上司第一个想到的人就是你。在决定给谁发红利以及让谁升迁时，这些额外的责任就成了对你有利的优良记录。如果你能以自律的方式安排自己的工作，拥有更高效率，进而能够随时用心去做高价值的事，这些好处肯定会跟着来。

关键思维

领袖并非天生的，而是后天养成的。同其他任何事情一样，人们只有通过不断努力才能成为领袖。不论是实现这一目标还是任何其他目标，皆是如此。

——文斯·隆巴迪，美式足球教练

想要事业成功，有个简单的方法：每天早点到，工作多用点心，下班晚点走。这会让你遥遥领先竞争对手，使他们永远望尘莫及。

——布莱恩·崔西

守则9　成为领导者并跻身高位

在职业生涯中，你通常会经历四个工作阶段：

◎从职员做起。

◎成为要为结果负责的主管。

◎成为经理人，分配工作给其他人。

◎成为领导者，负责制定决策。

由于领导者负责为组织设定标准，要成为领导者，你必须为自己和公司找到未来的方向。要想有足够的信誉促成好事发生，领导者必须言行一致，以身作则。除非你能做到自律，否则无法成为跻身组织高位的领导者。要做领导者，你的行为就要像个领袖，你必须：

◎头脑清晰——清楚表明自己的立场以及组织的目标。

◎具备能力——知道自己在做什么，并带领大家前进。

◎守护承诺——对团队努力实现的目标坚信

不疑。

◎认清约束——知道是什么限制了你所在组织的表现，以及要如何消除这些障碍。

◎发挥创意——你必须有新的想法，找到更好、更快、更便宜的方法做生意。

◎不断学习——持续接纳新知识，提升自己的技术和能力。

◎贯彻一致——在任何情况下都保持自律，做到踏实可靠。

关键思维

阅读伟人生平时，我发现他们赢得的第一场胜利是战胜自己，他们都将自律放在首位。

——哈利·杜鲁门，美国第 33 任总统

守则 10　为顾客提供一流的解决方案

如果你希望事业成功，必须严格自律，否则你将无法做到以下四点：

（1）积极主动。无论是进入职场还是自己创业，你都必须主动思考顾客的需求和购买动机，厘清自己在哪些方面可以做得比别人更好，找出你的竞争优势以及独特的销售主张，并了解和开发出完整的商业模式。

（2）专注于解决方案。做生意的主要目的在于以经济高效的方式找到并留住客户，找到满意客户的关键在于以他们支付得起的价格提供解决问题的方法，因此要专注于向客户提供可行的解决方案。

（3）有效运用时间。要想生存和发展，你必须知道如何最有效地利用时间。你必须避免所有的干扰，有效运用所有资源，尤其是时间资源，努力工作。要在竞争中占有一席之地，你必须善于管理你的时间。

（4）具有远见。无论是做自己的事业还是为别人工作，要想成功，必须安排长远的计划。你今天必须做某些事，日后才能吸引顾客回头，没有捷径可走。

关键思维

要想取得事业上的成功，你要在所有商业活动中发挥高度的自律。没有自律和自我控制，企业将一事无成。

——布莱恩·崔西

守则 11　切记销售才是企业的命脉

要想成功经营企业，每个工作日的每个小时你都要开展销售工作。对每个员工和企业主而言，这是千真万确的事。如果你能自觉留意让自己更擅长销售，就会有更大的成就。

每天工作时你该反复问自己："我现在做的事能够促进产品的销售吗?"如果不能，你就得把注意力放到销售相关的问题上。必要的话，你可以在下班后处理文件和其他事务，但务必把大部分的工作时间用来促成销售。那么怎么样才能做好销售？关键在于：

◎学会不因被拒绝而心情不愉快。把拒绝当作纠正性的反馈，以便在日后做得更好。

◎多拜访客户。不要在办公室里浪费时间，尽量去找会再次购买的人。如果你多花一倍的时间与客户交谈，理所当然你会有双倍的机会增加销售。

◎建立稳固的销售渠道并多加利用。联系更多的潜在客户，增加介绍产品的次数，提高成交率。确保你一直有可以打电话和前去拜访的潜在客户。

◎销售过程中每个环节都要做得更好。你可以阅读书籍，参加销售培训研讨会，并与领域中的佼佼者共事。投入必要的时间和精力提升自己的技能，了解顶尖销售人员如何找到潜在客户，如何展示产品以及如何成交。销售技巧是可以学的，所以请严格要求自己，使自己变得更好。

◎每天早点开始，晚点结束。不要躲在办公室里，走出去，接触更多客户。事先计划好，在一段时间里，尽可能拜访更多的客户。真正的销售时间，就是你与会买你东西的人面对面交谈的时间。

关键思维

没有销售，说什么都没用。

——雷德·摩特利，美国出版家

做生意的目的就是找到和留住客户。

——彼得·德鲁克，管理大师

当你自觉要求自己成为业界顶尖的销售员时，你会发现，自己的事业已经有了重大的改变。多数销售人员只做保住饭碗该做的事，但决心成为行业顶尖者的人，成就远远超过其他任何人。你的任务就是加入他们的行列。

——布莱恩·崔西

守则 12　用心存钱而不是花钱

不管你赚多少钱，如果不能自觉存钱，就永远无法做到财务独立。想要获得成功，基本上你得调整自己处理金钱的方式。与其说“花钱让我开心”，不如去想“存钱更让我开心”。

比较可行的做法是循序渐进。一开始，你可以每周只存下收入的 1%，用掉其余的 99%。然后逐月提高你的储蓄率，直到你每月能固定存下 15%～20% 的收入。持之以恒，直到还清债务为止，接着你就可以开始为退休岁月存钱。

除非你能自觉要求自己存钱而且真的这么做，否则你在财务上永远不会有进展。作好准备，延后你的享受，直到你能付现金时再购买物品。把钱存入你指定的“财务自由账户”，然后分析如何使自己的投资回报率增长。这一切都取决于你的存钱能力，而不是消费能力。

守则 13　善用时间，管理生命

善用时间是良好自律带来的众多好处中不可忽视的一个。时间不能被保存、替代或找回。时间之所以不可或缺，是因为做任何事都需要时间。如果你没时间把事情做成功，就不会有任何进展。

时间管理方面最历久弥坚的法则有四个，分别是：

（1）帕累托法则。也称 80/20 效率法则，该法则认为你 80％的价值由 20％的活动产生。因此，尽可能找出这 20％的活动是什么，并去执行。

（2）依据事情的轻重缓急处理它们。常用的办法是划分待办事项的轻重等级，然后要求自己先做最重要的任务。这种时间管理方式中最常见的方法是将任务分为：

◎必须做的事——不做后果严重。

◎应该做的事——不做后果还好。

◎最好去做的事——如果不做，不会有太大影响或没有影响。

◎可以委托别人去做的事——避免做这类事，省下你的时间。

◎可以取消或中止的事。

（3）安排好特定时段。在这段时间里，不做其他的事，只处理最重要的事，把它往前推进。不要让其他任何事情介入这段预定好的时间。

（4）总是专注在最重要的事情上。不断向自己提出以下问题，把自己拉回高效多产的状态。

◎公司为什么雇用我？

◎别人期望我做出什么成果？

◎我有什么特殊的期望？

◎哪些是能创造最大价值的活动？

◎我个人能为组织增加什么价值？

◎现在做什么可以充分发挥时间的价值？

◎我要如何安排，才能更有效地利用时间？

事实无可否认，除非你积极主动地管理时间，否则时间会被浪费在没有价值的事情上。要做成任何事，必须有一套区分任务轻重缓急的方法，然后据此开展工作。这需要你有坚持不懈的意志力才能做到。相应地，你愈有纪律，就会愈有成就，对自己的感觉也会愈好。

关键思维

你不能管理时间，你只能管理自己。

——彼得·德鲁克，管理大师

守则 14　善于解决问题

一旦你开始在生活和事业上追求更多，就会有许多问题接踵而至，这是不可避免的。想要有所进展，你必须在破坏你成长计划的问题出现之前就找到解决方案。下面的步骤是个解决问题的好方法：

1. 从厘清问题做起，行动前先清楚确认问题是什么。
2. 核实真相，问自己：“这个麻烦是不是一个隐藏的机会？”
3. 深入探索，问自己：“这个问题还有其他需要考虑的吗？”看看是否能带来不同的、更好的解决方案。
4. 找出根本原因，问自己：“这个问题是如何产生的？需要改变我们的系统吗？”
5. 列出所有可能的解决方案，包括看上去合理的以及不太可行的方案。
6. 厘清哪个是此时最好的解决方案，并着手去做。
7. 作出决定并向前推进，现在就采取行动，而不是等待和期望更好的方法。
8. 分清责任归属，指定特定的人执行和推动共同决定的解决方案。
9. 设定评估进展的标准及时间。

你能想出和执行的高价值的解决方案愈多，你带给组织的价值也就愈多。自己解决问题的能力愈强，对自己的感觉就愈好，就愈有信心在未来接受更大的挑战。

三　美好人生守则

自律也可以为生活创造奇迹。当你能够自律时，你会更快乐、更健康，享受更好的人际关系，并享有内心真正的平静。如何把自律和自主融入一切作为之中是件值得学习的事。

守则15　做些自己喜欢的事

追根究底，你必须具备五个要素才会快乐：

◎自己和家人都健康，个人有精力去做自己喜欢的事。

◎与世界上你最关心的人——配偶、家人和朋友等保持良好的关系。

◎从事你觉得有意义且有趣的工作，并因此获得成就感。

◎拥有财务独立带来的自由。

◎觉得自己发挥了个人潜力，成为了你应该

成为的人。

自律是打造这五个要素的基础。在真正感受到生命和事业的快乐前，你必须首先发挥自律和意志力，克服天生喜好安逸的倾向。即使遇上暂时的挫折，也必须要求自己在各方面取得进展。

关键思维

马不受驾驭，哪里也到不了。蒸汽或汽油在受到压缩之前，拖不动任何东西。尼亚加拉瀑布如果未经引导，就无法发电与照明。人生如果没有专注、投入和纪律，就不会茁壮成长。

——哈利·爱默生·福斯迪克

美国传教士

守则 16　维护和增强个人健康

自律是个人努力维持健康的基础，良好健康的核心是“五个适当”：

◎适当的体重——维持让你看起来和自我感

觉不错的体重，这会带来良好的体验以及对生命的掌控感。

◎适当的饮食——喝足够的水，多吃蔬果，少吃肉类。

◎适当的运动——定期做剧烈的有氧运动，加速心跳，让自己动起来。

◎适当的休息——这样可以扫除因思绪不清导致的拙劣表现。休息也包括给你的心灵电池充电。

◎适当的态度——对未来要有积极、振奋、乐观的态度，这样才能体会真正的健康。

关键思维

对多数人来说，身体健康的关键可以一言以蔽之：少吃多运动。人生的目标之一应该是尽可能享受最高水准的健康和能量。你必须吃得正确，而且少吃。你必须每天定时健身，活动每一处筋骨。要享有极佳的健康状态，必须充分休息和娱乐。最重要的是，你必须保持积极的心态，凡事都看好的一面，并且下决心做个态度积极的人。在这些领域中发挥自律和毅力，这带给你的回报将远超过你付出的努力。在健康习惯上展现自律，你可以活得更长久、更好。

——布莱恩·崔西

心理强韧涵盖很多内容且难以解释，其特质包括牺牲和自我抑制。更重要的是，它其中融入了完美的、绝不妥协的纪律。这是一种精神状态，可以称之为人格的展现。

——文斯·隆巴迪，美式足球教练

守则 17　在生活中养成运动和健身的习惯

依据经验法则，人类每星期需要 200～300 分钟的剧烈运动，才能表现出最佳状态。如果你能规定自己一周运动 5 次，一次约 60 分钟，就能跻身世界上身体状况最好的 2％的人的行列。

那么，做到这一点的聪明方法是：

◎下定决心去做，今天就开始。

◎进行体检，查看是否有任何疾病限制你进行健身活动。

◎留出时间，早上第一件事就是运动。

◎把运动服放在床边，一起床就主动穿上。

◎不断提醒自己，研究显示，早起运动的人比其他时间运动的人更聪明、更有创造性且更有智慧。

◎早早锻炼身体也能提高新陈代谢，这意味着你可以燃烧更多脂肪。

◎结伴而行。如果有人在固定的时间在健身房等你，你坚持下去的可能性就比较大。

◎加入有组织的体育活动并定期参加比赛，选择棒球、网球、足球、橄榄球、壁球或任何其他运动。

◎从少量运动做起，逐步加大你所选择的健身项目的强度。把定期锻炼变成一生的习惯，而不是偶尔做做。保持耐心，坚持不懈，你会看到成果。

守则 18　维持坚实的婚姻关系

与配偶建立充满爱的长期关系离不开自律和承诺，相应的回报也非常可观。要让婚姻美满，你必须：

◎学习做个好听众。

◎对配偶要绝对忠诚，回避所有可能导致不忠诚的环境或情况。

◎愿意随着时间而改变——放弃坏习惯，以新的好习惯取而代之，这些习惯要与你们共同的价值观一致。

◎让配偶成为自己最好的朋友。

◎定期强化彼此的关系。

◎包容和体会配偶的观点。

关键思维

能否维持充满爱的长期关系体现了你的人格和个性。幸福的婚姻需要极大的自我约束和自我控制。爱需要自我节制和牺牲，当你真正爱上一个人，对方的幸福和福祉会变得比自己更重要。你愿意付出一切代价，作出所有牺牲，保障爱人的福祉。

——布莱恩·崔西

守则 19　好好培养孩子

没有任何事情像养育小孩一样迫使你开始着眼长远和重新规划人生重点。突然间，你开始关注自己该扮演什么样的榜样角色。你也开始思考如何使孩子养成良好的品格和坚定的价值观。这些都有必要，如果你真的想帮助孩子，那么养育他们时要多运用自律准则。具体做法是：

◎树立榜样。提醒自己，孩子随时都在学习，尤其会学习你在压力下表现出的行为。当他们看到你能自律和自我控制时，他们会明白，长大后也要像你一样。

◎培养他们的自信。直视他们的眼睛，告诉他们真相。当你自己这么做时，他们也会觉得应该这么做。

◎给予宽容。容许孩子们在学习新技能时犯错误。同样，如果你的孩子看到你不过分追究，他们长大后也会具备同样的能力。对孩子绝不可恶语批评，即使他们理应得到这样的惩罚。

◎花时间陪伴孩子。这样孩子便会知道你爱他们。在做任何事时都要考虑到孩子。

关键思维

你一定要做出榜样给学子看，因为他们只能如此学习。

——史怀哲，诺贝尔和平奖得主

守则 20　建立深厚的友谊和良好的人际关系

你需要与周围的人建立良好的关系，为此你应该遵循以下七点建议：

◎全然接纳他们本来的样子，而不是批评或评论他们。

◎对别人为你所做的一切表示感激，随时说

“谢谢”，这会让他人感觉良好。

◎态度宽厚。即使对方表达了强烈的观点，也要如此。让他们痛快说出心中的感受，不要露出反对或嫌弃的表情。

◎对别人表现好的地方表示钦佩。花时间找出与你相处者的值得赞美之处，他们会因此而高兴。

◎关注朋友。他们说话时你要聆听，留意你知道的他们感兴趣的事。

◎积极乐观。不要批评、谴责、抱怨或在公开场合谈论私事。拒绝八卦。

◎和蔼可亲。对每天要见面交流的人彬彬有礼，周到体贴。

建立和维持稳定的友谊并不是高深的学问，只要让人们在与你共处后感觉比之前好就行了。让人们感觉自己很重要，他们就会乐于做你的朋友。

守则 21　寻求内心真正的平静

要想与世界和平相处并对自己正在做的事怀抱热情，就要从自律做起。你必须要求自己放下一切破坏你内心和平的东西：

◎不必凡事都要求自己是对的，并且相信这样反而不好。让他人畅所欲言。

◎不要把自己的处境归罪于他人，而是通过自己的专注和努力促使好事发生。

◎不要提起过去不愉快的事，平静接受“事情已经发生了”的事实。让生活继续。

◎刻意做到宽恕与遗忘。如果你大费周章地去想过去那些不公正的事，只会扩大它们的影响。扛下责任，继续往前走。

关键思维

借助自律持续不断地练习宽容，这样做得到的回报十分惊人。当你做到控制自我、主导自我，能够从令人不愉快的情境中抽离出来时，你的生活品质就会有美妙的提升。

自律是取得成就的关键。有了自律，人们才能充分利用才华和智慧获得晋升。如果没有自律，即使有良好的教育、家世、机遇相助，也很难超越平庸。

——布莱恩·崔西

专家解读

控制自我，律动精彩

文/许钦尧

在职场工作多年，我看到成功的工作者各有所长，在各自的领域中挥洒自如，也各有特点和强项。但是，他们普遍有一个重要的特质，那就是自律。

无可争辩，工作是个人生命的重要组成部分。我独力经营企业多年，对布莱恩·崔西讲述的内容有很深的感触。尤其在创业阶段，严谨的自律、坚持不懈的努力以及乐观开放的心态，都是支撑我与伙伴们走过艰辛岁月的基本要素。

许多人认为可以轻松享受人生，却忘了天道酬勤。如果你在经营企业时松懈下来，兢兢业业的竞争者很快就可以追上你，甚至将你远远甩在后头。即使你后来有所省悟，有时候仍然不免丧失之前胼手胝足打下的根基。

1. 不要找借口，“受害者”不会成功

很多人常常说，我数学不行，我英语不好，最终一辈子都没把数学学好，或是一辈子都没法说流利的英语，而一直活在羡慕别人的状态中。

其实，借口正是阻碍你成功的最大障碍。如果你抱持着“受害者心理”，总以为自己没有进步都是别人害的，天不时地不利，都不是自己造成的恶果，并因此而持续怠惰，成功当然会离你愈来愈远。

要当成功者还是“受害者”，其实都是自己的选择。大部分人的天资聪颖程度差别并不大，但日后的发展和成就却有很大差异。成功的人因为害怕失败，追求远大的目标时比别人更自律，不找借口。失败的人却因为总是告诉自己这不会那不会，所以专注力不足，事实上并没有花时间努力精进，当然做不好，也不会成功。

2. 企业必须自律才能获得客户信任

对于企业而言，必须做到严格自律，对自己

高标准严要求，才能获得客户的信任，建立起长期的合作伙伴关系，或是获得消费者的长期支持。

举例来说，不管在哪个单位或部门，我们工作的目的就是希望顾客能高度满意。这个目标绝对不仅仅是业务单位的责任，如果全公司都以这个目标为己任，就不会出现对客户推托的状况，更不会让客户听到各种“理由”。而一直提出“理由”的企业，往往就等于不断地告诉客户“我们不专业”。

受到信任且取得成功的企业都会先与客户一同厘清所有问题，列出解决方案，明确工作日程与管控目标。这样才能有效解决客户的问题，展现真正的专业服务水准。

3. 培养自律精神从小开始

很多家长太重视孩子的学习成绩，却忽略了对他们人格的培养。我个人认为，培养小孩子的自律习惯非常重要。在很多案例中我们发现，名师因为太忙没有时间好好陪伴和管教孩子，他们的孩子反而出现性格偏差，缺乏自律精神。很多时候，小孩需要良好的外部指导。

为了让我的小孩培养自律精神，同时满足他的愿望，我曾经送他到棒球学校就读。初中一年级时，每个球员理个光头一起住在球场宿舍。他们清晨6：00起床，然后一起骑自行车上学，中午吃完营养午餐后，团队一起骑车回到球场开始不间断的体训，直到晚上9：30熄灯睡觉。

对此很多朋友不能理解，但是我清楚这是培养自律最好的时机。我希望小孩能从辛苦练习中更深刻地体会到成功不会从天上掉下来，练习场上都做不到的事，正式比赛时也不可能做到，唯有花时间专注练习才会成功。

也因为如此，小球员们从初中时期就必须培养自己的团队精神，这些训练以及团队精神会跟着他们一起长大。他们了解失败天天在发生，所以一笑置之。他们很清楚，不间断的训练和严格的自我要求会带给他们真正成功的喜悦！

4. 实战锦囊

很多成功的企业不仅在经营中做到自律，对员工也有相当高的要求。我以日本百年企业三菱集团的人才录用原则为例进行说明。三菱集团是日本大学毕业生最想进入的公司之一，然而三菱倾向于招募三种人：

◎东京大学、早稻田大学与庆应大学的毕业生（聪明的人才）。

◎有政商关系的人（有背景的人才）。

◎职业运动家（有自律精神、永不服输、有惊人毅力与精神的人才）。

仔细观察每位职业运动员、国家代表队队员可以发现，这些成功的运动员有着共同的特质：非常自律，自我要求严格，永不服输。他们从小不断地训练，天天遭遇失败，但是第二天重新来过，永远怀抱追求胜利的渴望。他们永远不谈借口，他们会主动不断尝试不同的方法，调整自己去配合环境，找出成功的姿势与方法，然后获取胜利。

很多人渴望成功，了解培养自律的方法不难，但实践起来却不容易。要想突破自我，大家可以从小处着手。我曾有十多年的烟瘾，但我认为戒烟是我能够做到的事，如果连这件小事都做不好，将来我如何要求我的团队打败竞争对手？我果断戒烟，向我的团队传达了一个重要的信息。只有通过自律，先管好自己，才能有足够的条件带好团队。

我的公司创业时是微型公司，七年后成为中小型企业，并在全球轮胎压力监测系统市场取得重要领导地位。究其原因，专注而已。我们清楚公司资源很少，所以必须专注于核心技术的发展，集中所有的资源与力量，找出大厂不愿意做的利基市场。

反观很多大厂，常常因为市场大好而分散了技术上的投入，最后导致无法使新投资研发的产品达到国际领先水平。相反，我们仅有一个产品，但是将它做到最好，做到让车厂与顾客都满意。

此外，领导还应让员工充分了解公司的目标与决心。要向团队说明为何而战，为何我们会得胜，我们还需要做哪些努力，要达到哪些标准。让团队成员习惯于不找借口，持续提高工作的品质，以高度的自律打造出公司的竞争力与核心能力。

作者简介

许钦尧，台湾橙的电子股份有限公司总经理。为了使台湾车厂与零件商摆脱定点生产车间的地位，许钦尧创建了台湾自有品牌——橙的电子。由于专注核心技术，该公司在轮胎压力监测系统市场中取得国际领先地位。

最重要的事，只有一件

The ONE Thing

The Surprisingly Simple Truth Behind
Extraordinary Results

原著作者简介

加里·凯勒(Gary Keller)，北美最大的房地产加盟体系凯勒威廉姆斯房地产公司的创办人兼董事长。曾进入 Inc. 杂志年度企业家终选名单，是相当受欢迎的专题演讲人，出版了多本畅销书，包括《百万富翁房地产经纪人》、《百万富翁房地产投资人》以及《转变》等。

杰伊·帕帕森(Jay Papasan)，凯勒威廉姆斯房地产公司出版部执行编辑兼副总裁。曾任职哈珀科林斯出版集团，参与多本畅销书的编辑工作，与加里·凯勒等人合著的“百万富翁房地产”系列丛书持续登上《商业周刊》畅销书排行榜。

本文编译：叶心岚

主要内容

主题看板

鸡蛋就该放在一个篮子里

“不要把鸡蛋放在一个篮子里”的说法大错特错！一旦你因为担心风险而将资本分散，你的注意力也就随之分散了。人生功成名就的秘诀其实很简单：一次专心做一件事，把最重要的事做到最好。

作者加里·凯勒原是一名优秀的房地产经纪人，擅长帮助人们在买卖房屋时作出明智决定。后来他自行创立凯勒威廉姆斯房地产公司，并使该公司从德克萨斯州的一间小小办公室，成长为今日北美最大的房地产公司。他被 Inc. 杂志列入年度企业家终选名单，并被誉为房地产业最有影响力的领导者之一。

大多数人以为每件事都很重要，倾向于照着冗长的待办清单做事。但是成功人士的看法和一般人不同，他们对于事情的轻重缓急有明确的判断，选择“把所有鸡蛋放在一个篮子里，然后看好这个篮子”。加里·凯勒和杰伊·帕帕森基于个人的创业经验，阐明了一个简单的道理：要想在工作和生活中取得最大的成功，就要尽可能缩小范围，聚焦在最重要的一件事情上。

想要事事圆满，反而容易落得一事无成。取得卓越成就的关键在于有所取舍，经过深思熟虑决定哪些事情可以不必做，并且不断地问自己：

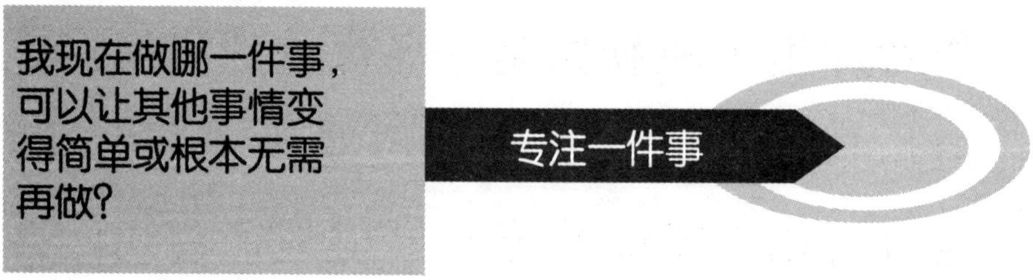

先确定你正在从事的是最重要的、能创造最大价值的工作，然后通过正确的步骤排除所有占据你时间和注意力的琐事，专注在那一件事上并把它做到最好，这样就能达到你生产力的最高水平。

一　关于生产力的六大谎言

谈到提高生产力，六种说法常将人引入歧途。只要看清这些谎言的真实面目，就能踏上提高生产力的道路。这六大谎言分别是：每件事同样重要；一心多用是好事；你必须严格遵守纪律；意志力总是“随传随到”；你能实现工作生活平衡；“大”既可恶又可怕。

1. 每件事同样重要

认为事情不存在大小之分的想法纯粹是谎言。当每件事看起来同样重要时，你会埋头苦干。而一不小心，你在某个领域付出的心血，便可能无意间毁掉另一个领域的所有成绩。

事实上，我们从事的活动通常和生产力无关。照着待办清单工作没什么不好，但如果清单上列满不重要的琐事，即使你完成了各项任务，还是无法取得有意义的进展。

成功者不会去做他想到的每一件事情。相反，他们遵照的是不同的策略，即对工作的轻重缓急和前进方向有清楚的认识。他们不会列出冗长的待办清单，他们的清单一定非常简短，上面全都是对成功而言必不可少的任务。这才是更高效的工作方法。

19 世纪意大利经济学家维尔弗雷多·帕累托提出了著名的 80/20 法则。他发现意大利 80％的土地归 20％的人所有，并以此为基础得出了初步结论。20 世纪 30 年代晚期，通用汽车高级主管约瑟夫·朱兰用“关键少数和平庸多数”的概念阐释了此理论。作家理查德·科克后来将此概念进一步发展，声称一个人大部分的成果其实源自一小部分的努力。

80/20 法则向来是引导人们在职业生涯中走向成功的最重要的守则之一。我们在自己的生活中目睹这项法则一再应验。但这里有一个问题——帕累托想得还不够远，你还可以把帕累托提出的想法向前推进。

你必须遵循80/20法则才能迈向成功，但不必拘泥于此。你可以从20%中再次提炼20%，反复多次，直到找出最重要的那件事情。一开始你可以列出众多待办事项，但要养成一种思维模式，即不断删减清单上的任务，直到找出最重要的那一件事情为止。这件事至关重要，非做不可。

为了避免落入“每件事都很重要”的圈套，不要专注于保持忙碌，而要注意提高生产力。反复问自己哪项工作才是真正重要的，直到待办清单上只剩下最重要的那一件事，然后想办法把你每天大部分的时间都用在这件事情上。换句话说，为了取得更大成就，你需要缩小聚焦范围。找出能为你带来最大收获的核心活动，花尽可能多的时间完成它，即使为此你必须向其他许多美差说不。成功来自于做最重要的事。

关键思维

最重要的事情不一定最引人注意。

——鲍勃·霍克，澳大利亚前总理

最重要的事绝不应受最不重要事情的摆布。

——歌德，德国著名思想家

2. 一心多用是好事

2009年，斯坦福大学教授克利福德·纳斯着手研究当人们同时处理多项任务时最终成果究竟如何。他研究了262位杰出的一心多用者，吃惊地发现他们在各方面的表现都相对较差。他得出结论：一心多用是个谎言，是完全缺乏效率的工作方法。

为什么一心多用的成果达不到人们的预期呢？原因如下：

◎每次你中断工作，无论中断时间长短，你

都要花些时间才能恢复到正常的工作速度，转换工作任务一定会影响你的工作效率。

◎每当你转换任务时，总有可能使原来的任务就此搁浅，增大偏离工作重点的几率。

◎当你一心多用时，效率会降低，完成一项工作要花的时间会更长，而不是更短。

◎同时从事多项工作时，你变得更容易犯错，因为你的注意力没有放在真正重要的问题上。

◎一心多用会增大压力。

◎一心多用时人们难免会侧重新信息而忽略旧信息，即使新信息价值较低。

事实很简单，一心多用是行不通的，它不会提升你的表现，反而会不断引入让你分心的事物，对你的工作结果造成负面影响。如果你以为自己有能力一次做好两件或多件工作，麻烦就在后头。

关键思维

一心多用只不过是一个同时搞砸多项工作的机会。

——史蒂夫·乌查尔，演说家、作家

光是保持忙碌是不够的，蚂蚁也一样忙碌。问题在于我们在忙什么。

——亨利·大卫·梭罗，作家、哲学家

一次做两件事等于什么也没做。

——普布里乌斯·西鲁斯
古罗马哲学家

追逐两只兔子，你会两头落空。

——俄国谚语

3. 你必须严格遵守纪律

社会上一直存在一个观念：要想成功，你必须过严格自律的生活。据此来看，如果你还没有取得自己预期的成功，就表明你还没有严格遵守纪律。这是不正确的。

与其努力成为严守纪律的人（不论你个人如何定义“严守纪律”），不如努力养成富有成效的习惯，这些习惯将引导你沿正确的方向前进。社会学家发现，若要养成一个习惯，并使该习惯永久成为你生活的一部分，平均需要大约 66 天。

一次只尝试养成一个习惯，这么做将使你保持全心投入。选择一个能够带你走向心仪方向的习惯。成功人士并不是样样精通，他们通常选择性地养成少数几个重要的习惯。若要加入他们的行列，你必须如法炮制。

习惯最棒的地方在于，维持习惯所花费的精力比养成习惯要少。一旦你将成功的行为模式嵌入日常习惯中，它们就会成为你的第二天性，简化你的生活。将高效多产的习惯融入你每天的例行工作中后，你的生活会变得更加简单，前方道路也会变得更加清楚。

关键思维

你不需要严守纪律也能成功。事实上，成功并不需要你想象中那么多的纪律。这个道理很简单：成功是做对的事情，而不是做对每件事。成功的窍门在于锁定正确的习惯，再通过刚刚好的纪律来养成这些习惯。这就是你要遵守的全部纪律。

——加里·凯勒　杰伊·帕帕森

与一般人的看法相反，成功并不是一场纪律的马拉松比赛。要取得很大的成就，你不必随时随地严守纪律，你不必训练你所有的行为，不必在面对各种情况时都严格管束自己。成功其实是一场短跑比赛，纪律只需撑到习惯上场就可以了。

——加里·凯勒　杰伊·帕帕森

人们不能决定未来。人们决定习惯，而习惯决定未来。

——F. M. 亚历山大

莎士比亚独白剧演员

4. 意志力总是“随传随到”

社会上普遍流传的另一种错误说法是，人的意志力总是在一旁待命，在你需要它时，它可以随传随到，无论何时何地。这种“天下无难事，只怕有心人”的基本方针意味着：要想做成某件大事，你需要有非常强烈的意愿，强烈到超过其他所有事物。

不幸的是，一个人意志力的强弱总是起起落落，有着自己的规律——有时我们的意志力很强，有时又完全缺乏。对多数人来说，一天中意志力通常在工作刚开始时最强，然后逐渐衰退。上午、中午和下午的休息时间可振奋一天的意志力，但大部分时候意志力的保存期限很短。总体而言，意志力是有限但可以再生的资源。

至于如何把意志力投入到高效多产的工作中去，有以下几个建议：

◎尊重意志力的强弱变化。牢记这一点，不要把意志力视为理所当然。这样一来，当意志力可供利用时，你可以毫无疑问地驾驭它。

◎把最紧要的任务安排在意志力最强大的时段。对大部分人来说，一大早或休息过后，他们的意志力是最强的，因此每天的第一件事就是做最重要的工作。

◎用对的食物为大脑补充燃料，确保大脑有充足的能量发挥意志力。虽然大脑只占身体重量的2％，消耗掉的能量却占到人体能量消耗总量的20％。如果你需要作出重大决策，先吃些优质食品，好让大脑能量充足。

关键思维

关于意志力，时机就是一切。在做对的事情时，你需要充分施展意志力，确保不让任何事物分散你的注意力，操纵你远离对的事情。然后在一天剩下来的时间里，你需要有足够的意志力来巩固你所完成的工作，避免破坏它。这就是达到成功你所需要的意志力。

——加里·凯勒　杰伊·帕帕森

5. 你能实现工作生活平衡

每个人都在谈论要过平衡的生活，但实际上没有人能实现这一目标。遗传学家基思·哈蒙德认为，平衡不过是空谈，是遥不可以及的白日梦。追求工作和生活之间的平衡不仅是一笔赔本生意，而且会带来伤害，甚至具有毁灭性。

生活与工作达到平衡是不可能实现的神话，因为想要在任何领域交出漂亮的成绩单，你必须把所有的精力和时间投入你所从事的事业上，你做其他事情的时间自然会减少。这种极度的专注总是使得生活与工作的平衡不可能实现。

20 世纪 80 年代中期，随着愈来愈多的女性进入职场，平衡工作与生活的概念应运而生。你不如把生命看作寻找平衡的动态过程：

◎将你的生命分成两个桶——工作桶和生活桶。

◎聪明地填充你的工作桶——将绝大部分时间分配给最重要的事情，把工作日尽量用于你最拿手的工作。

◎相应地填充你的个人生活桶——不工作时，热忱地投入生活之中，奉行既要努力工作也要努力玩乐的箴言。

不要忽略纠正工作和生活的不平衡。任何时候都要清楚自己是在填充上述哪个桶，并竭尽全力做到最好，这就是你所能实现的最佳平衡。

关键思维

在争取事业成功的问题上，投入多少时间加班并不重要，关键在于你能否一次又一次地集中注意力。为了取得卓越成就，你必须找出最重要的工作，并投入充足的时间完成它。对所有其他工作来说，这种做法一定会导致严重的不平衡，对这种不平衡你只能偶尔进行修正。

——加里·凯勒　杰伊·帕帕森

6.“大”既可恶又可怕

许多人放弃追求远大的梦想，因为他们落入了“大是坏事”想法的陷阱。事实上，如果你因为害怕成为非常成功的人而满足于较小的成就，你只是在欺骗自己。你应该着眼大处，目标高远。

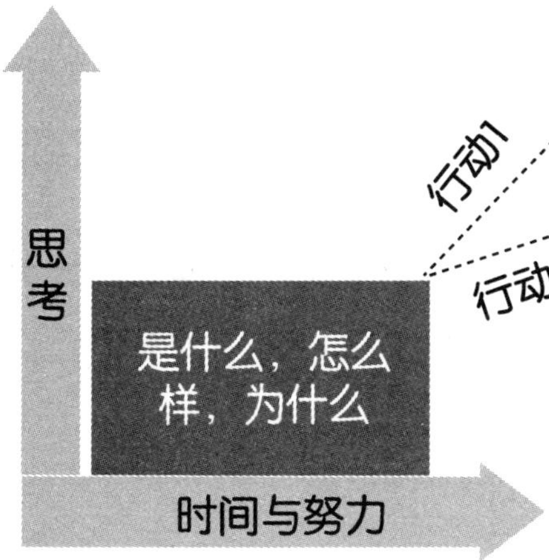

事实无可否认，如果你着眼大处，就会采取不同的行动，走上不同道路，如上图所示。

人们在目标高远时采取的行动（行动 1）和目标短小时采取的行动（行动 2）显然不同。聪明人将他们的既有成就当成争取未来成就的平台，而不是限制。

“着眼大处”的关键在于：

◎另类思考——不要自我设限，想象其他人从未提出的可能的结果。

◎勇敢行动——找出其他成功人士采用的系统、模型、关系与习惯，应用到自己的工作中。

◎将失败视为暂时的挫折，视为成就非凡事业不可或缺的一部分。准备好屡败屡战，直至成功，也就是说从错误中学习，然后继续前行。

成功的首要条件和最大秘密是将你的努力、想法和资金全部集中在你所从事的事业上。从一条生产线开始，下决心在这条生产线上生存、领先，采用各种改善方案，买进最好的机器，尽可能地了解这条生产线。

分散投资的人更易失败。他们投资这个、投资那个，投资这里、投资那里，到处投资。他们把资金分散开来，这代表他们大脑的注意力也分散了。“不要把所有的鸡蛋放在一个篮子里”的说法大错特错。把所有的鸡蛋放在一个篮子里，然后看好这个篮子。看看你四周，你会发现这样做的人通常不会失败，因为看管和搬运一个篮子很简单。大部分鸡蛋之所以被打坏，是因为人们尝试搬运太多篮子。

关键思维

梯子的横木不是用来休息的，而是用来支撑我们的一只脚，让我们的另一只脚能够踏上更高的位置。

——托马斯·亨利·赫胥黎

英国博物学家

二　找出成效最大的一件事

为了取得卓越成就，你必须专注于一个问题和三个观念：

我现在做哪一件事可以让其他事情变得简单或根本无需再做？

1 总是有一件事最重要

2 成功是循序渐进的

3 成功是有迹可循的

1. 总是有一件事最重要

为了取得卓越成就，你必须每时每刻都专注于回答“焦点问题”：我现在做哪一件事可以让其他事情变得简单或根本无需再做？

这个再简单不过的问题其实很有用，因为它结合了大处着眼的视角和小处着手的专注态度。

如果你每天提出这个问题并采取对应的行动，你会创造最大的价值，你会在最重要的工作上取得最大的进展。

关键思维

“焦点问题”协助你在所有情况下找出最重要的那一件事。它帮助你在复杂生活中厘清你渴望的事物，然后再抽丝剥茧，找出为了达成目标你必须采取的行动。这其实是个简单的过程：你提出最佳问题，然后找出最佳答案。

——加里·凯勒　杰伊·帕帕森

“专注”决定了你不需要做哪些事。

——约翰·卡马克

电子游戏程序设计师

2. 成功是循序渐进的

成功不是一蹴而就的，它很像多米诺骨牌游戏：一开始你推倒小张骨牌，然后小骨牌推倒较大的骨牌，最后推倒象征伟大成就的巨型骨牌。为了取得卓越成就，你要先从小任务开始，积蓄动能，然后逐渐壮大。

这意味着你必须让提出焦点问题成为自己例行工作的一部分，借此发挥它的魔力。要养成发掘焦点问题的习惯，你需要：

（1）坚持不懈。提醒自己，养成提出焦点问题的习惯需要大约 66 天的时间。持续提出焦点问题，直到这成为你的第二天性为止。请严肃看待取得卓越成就这个目标。

（2）提醒自己。你可以在办公室贴上标语：在最重要的那件事完成之前，其他工作都是让人分心的杂务。还可以利用便条、显示器保护程序和日历提醒自己，类似的标语有“最重要的那件事＝卓越成就”等。

（3）寻求支持。你可以和职场同事组成成功互助小组，让他们参与讨论；你还可以让配偶和家人也加入行动。帮助其他人了解提出焦点问题的作用。

（4）广泛运用。不要局限于事业方面，将这一做法应用在你生活的各个领域。找出你生活中不同领域内的重要之事，怀抱热情实现它们。

关键思维

成功很简单：在适当的时间，用正确的方法，做对的事情。

——阿诺德·格拉斯哥，美国幽默作家

3. 成功是有迹可循的

美国著名作家马克·吐温认为，获得成功的秘诀是着手去做，而着手去做的秘诀是将复杂、庞大的任务拆成可以掌控的小任务，然后从第一项任务开始。

当你能够持续不断地提出焦点问题时，往前迈进的关键就变成了找出最佳答案，并根据答案采取行动。你要研究、规划以找出答案，你的答案必须大而明确，随后你需要将答案贯彻到行动中。

举例来说，假设你认为你需要做的最重要的那件事是增加营收，该决定所引发的问题可用下述方法表示：

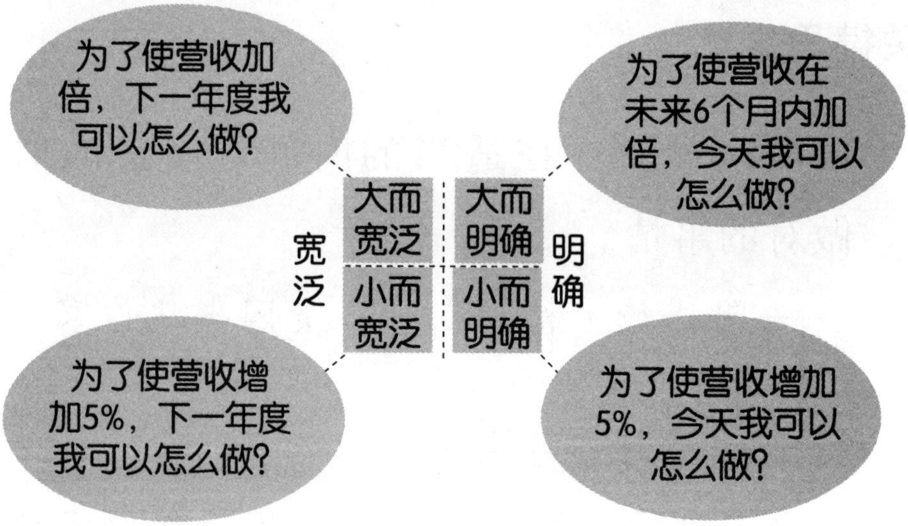

大而明确的问题是最佳问题。当你提出最佳问题时，你实际上指出了远大目标。而且，这类问题通常能引出大而明确的答案，带你朝目标迈进。一旦你找到了最佳问题，就可以将它与焦点问题结合起来，就本例而言，你可以问自己：

我现在做哪一件事，可以使营收在未来 6 个月内加倍，并且可以让其他事情变得简单或根本无需再做？

将最佳问题嵌入焦点问题迫使你找出最重要的任务，而这当然是一件好事。当你针对最佳问题寻找答案时请记住，答案通常会以三种不同形式出现：

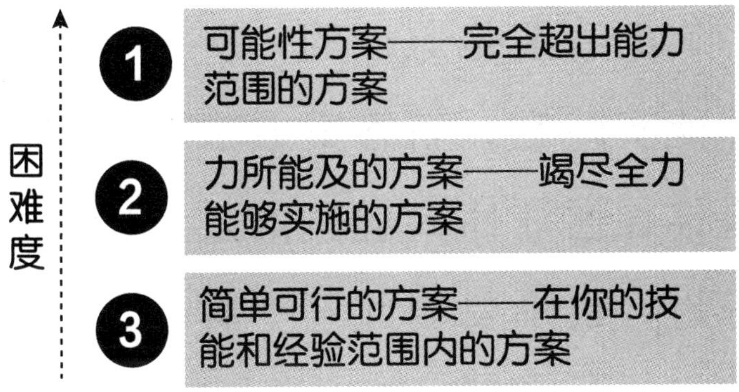

成功人士在面对挑战时，不会满足于简单可行或者力所能及的方案，而是会追求令人眼前一亮的可能性方案。要想和他们一样，你必须着眼大处，目标高远。

要发掘可能性方案，将其融入你对最佳问题的回答中，你可以借鉴以下两种有用的方法：

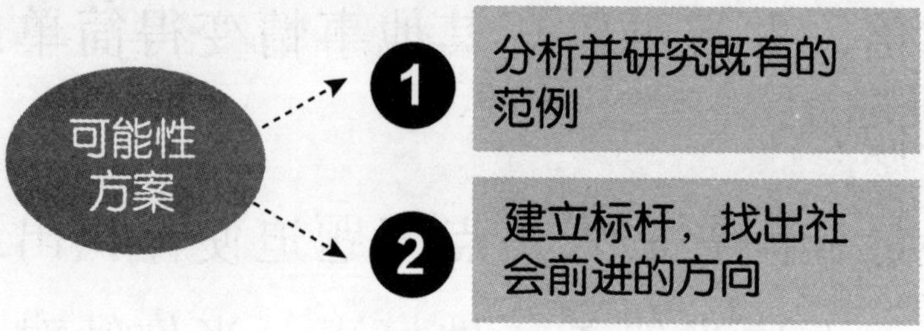

关键思维

因为你的答案是原创的，所以你可能必须改变自己才能实践它。新答案通常要求你采取新行动，如果你在通往伟大成就的过程中改变了，不要感到惊讶，也不要因此停下脚步。这正是奇迹发生的地方，一切皆有可能。这有很大的挑战性，但开创新路径的努力总是值得的，因为当我们将潜力延伸到最大时，我们的生活也跟着拓展到最大。

——加里·凯勒　杰伊·帕帕森

个人生产力是所有企业获利的基础。众多高效多产的员工共同打造出伟大的企业，如果没有个人生产力，企业不可能变魔术般地创造出大笔利润。毫无疑问，生产力最高的人将获得企业支付的最大报酬。

——加里·凯勒　杰伊·帕帕森

三　如何取得卓越成就

取得卓越成就靠六个步骤：

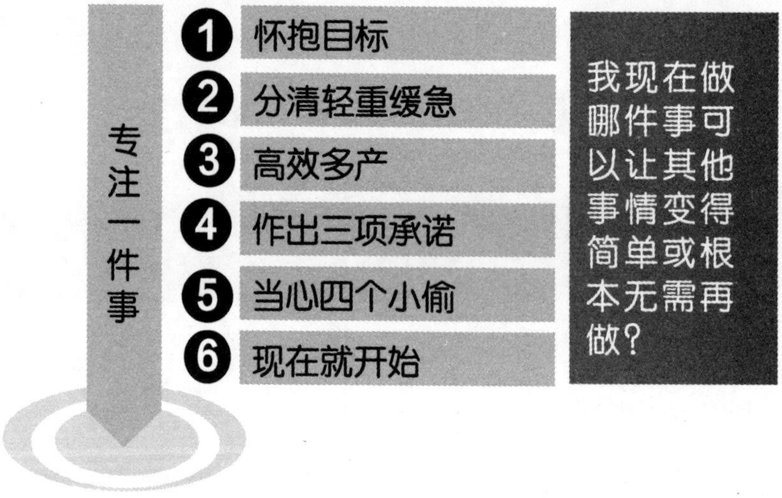

1. 怀抱目标

每个人都想过得快乐，但如果你直接追求快乐，最后只会得到华而不实的表象，而不会真正幸福。要想成为快乐的人，你需要在你的生活和工作中去追求更伟大、更深刻的事物。你需要问自己：

我现在做哪一件事，对我和世界来说最有意义，且可以让其他事情变得简单或根本无需再做？

找出驱使你行动、让你起床的动力是什么。如果你想不出来，至少写下你想要达成的、令人印象深刻的远大目标，然后详细描述你达成目标的方法。确定你要前进的方向，抱持信念并开始朝它迈进，然后你就会得到快乐。

目标是通往能力提升最笔直的道路，是个人力量（包括信念的力量和坚持不懈的力量）的最终来源。取得卓越成就的方法是知道什么对你最重要，然后每天据此采取行动。有了明确的目标后，你理清思绪的速度会加快，会更确信前进的方向，通常也会更快速地作出决策。

作决策的速度加快通常会使你成为最先作出决策并拥有最佳选择的人。当你有了最佳选择，你就有机会得到最佳经验。这就是为什么知道要往哪个方向前进有助于引导你在生活中收获最好的成果和经历。

关键思维

目标是强有力的黏合剂，协助你坚定地走在自己选择的道路上。当你的所作所为符合你的目标时，你的生活就像跟着节拍律动，双脚踩在路上的步伐仿佛跟大脑和心中的声音相互应和。确立目标之后，如果你工作时常常哼起歌，甚至吹起口哨，也不要太惊讶。

——加里·凯勒　杰伊·帕帕森

人生不是寻找自己，人生是创造自己。

——萧伯纳，爱尔兰剧作家

2. 分清轻重缓急

当生活有了目标时，你会知道要往哪里去。分清轻重缓急，你会明白为了抵达目的地，你需要做哪些事。

有一个关键的办法可以帮你分清轻重缓急，

这就是“眼前目标设定法”。应用这一方法，你需要写下以下问题的答案：

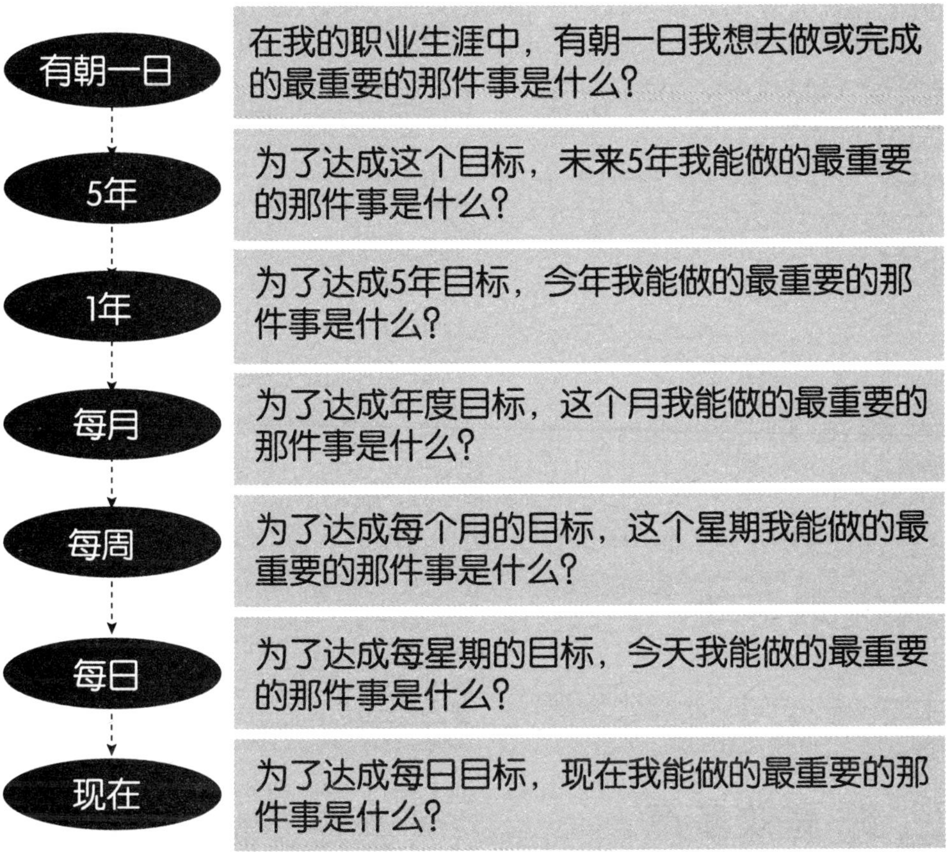

“眼前目标设定法”很有用，因为它能帮助你找出长期目标，并据此明确为了实现该目标你现在必须采取哪些行动。这样一来，你既能思考大方向，同时又能聚焦在小而明确的行动上。你可以将今天的行动与未来每一天的行动串联起来，想象目标达成时的景象。你也可以用更具策略性的方式思考，因为你已经有了路线图。

请确保你写下了上述问题的答案，因为研究显示，把目标写下来，目标的达成几率将提高40％。写下你的目标，放在你经常看得见的地方。

关键思维

计划将未来带到眼前，使你现在就可以针对未来采取行动。

——加里·凯勒　杰伊·帕帕森

3. 高效多产

不论你喜欢采用哪种工作方法，高效多产的关键可归纳为两项简单的原则：

为了取得卓越成就，在每一次拟订计划时，

随身携带你的日程安排或会客日志，依照顺序预留时间给下列三件事：

（1）预留休息时间。这样一来，你可以认为自己是在假期之间工作。放松会让你更有生产力，而放松的关键就在于拥有高品质的休息时间。给自己留出休息充电的时间，明确假期将何时到来。

（2）预留时间给最重要的那件事。在这段时间里，你需要专注于最有成效的工作。每天至少安排 4 小时从事那件事，无论付出何种代价也要腾出这段时间。建议把每天早上意志力最强的时段预留给最重要的那件事。

（3）预留计划时间。每星期至少花 1 小时检视你的年度目标和每月目标，追踪进度。每次开会时，反复思索这个问题：从目前的进度来看，为了使这个星期的目标跟上每月目标，使每月目标跟上年度目标，这个星期我必须做的最重要的那件事是什么？

在预留出上述时间之后，你必须积极保护这些时间。让其他人知道你什么时候有空，什么时候没空，他们会尽快作合理的调整。如果有人尝试窃取你分配给最重要的那件事的时间，你要委婉地加以拒绝，提议其他可行的时间。如果这个方法行不通，你可以利用以下四项策略：

◎打造一间“碉堡”。为自己安排一间会议室或其他类似的场所，里面一应俱全，这可以帮助你高效工作。

◎在“碉堡”内存放必需品。在“碉堡”备妥每样东西，包括补给品、材料、零食、饮料等，这样你就不必因为需要外出而分心。

◎扫除“碉堡”的“地雷”。关掉电话，关闭电子邮件，退出或者最好卸载浏览器，作好准备百分之百地专注于最重要的那件事。

◎争取支持。让最有可能打扰你的那些人知道你在做什么，你什么时候有空，当他们明白事情原委时，通常会非常乐于通融。

关键思维

成功人士不是通过延长工作时间，而是通过在工作时间内完成更多工作取得卓越成就。

——加里·凯勒　杰伊·帕帕森

高效多产和吃苦耐劳、忙碌不停或挑灯夜战无关……高效多产和分清轻重缓急、作好计划以及捍卫你的时间有关。

——玛格丽塔·塔塔柯夫斯基，作家

效率意味着把事情做对，效果意味着做对的事情。

——彼得·德鲁克，管理大师

4. 作出三项承诺

为了实现卓越成就，你需要作出三项承诺：

(1) 坚持熟能生巧，积极主动寻找把工作做得更好的方法。众所周知，在任何领域，人们必须累积 1 万小时的练习时间，才能成为业内精英。如果你一天花 4 个小时，一年花 250 个工作日（一周5天乘以50周），那么你就可以开始往领先的方向移动，请再接再厉。

（2）持续寻找最佳的做事方法，采用目的明确的工作风格。企业家活力充沛、冲劲十足，但在学习工作窍门时可能技术水平不高。这就需要你摆脱那些“理所应当”的工作内容，集中注意力，明确目标。随时提醒自己，为了取得不同的成果，你必须做些不一样的事情以取得突破，你必须寻找更好的模型和系统，释放你的潜能。

（3）愿意竭尽所能来完成最重要的那件事，对结果负责。你必须忍受挫败，始终向结果看，忽略周围可能让你分心的事，一直往前走。你必须认清事实，找出可行的解决方案，并抓紧时间执行它。如果可能的话，找一个可以汇报的对象——教练、老师、导师或你尊敬的朋友，但仍由你掌控方向，由你对结果负责。

关键思维

记住，我们谈论的不是一般的结果，我们追求的是卓越。高效的工作方式常常不易把握，但也不尽然。如果你为最重要的那件事预留出时间，保护好这段时间，并尽可能以最有效的方式利用它，你就能发挥最大的生产力。

——加里·凯勒　杰伊·帕帕森

5. 当心四个小偷

你需要积极防范四个窃取你工作生产力的小偷，它们分别是：

（1）缺乏说“不”的能力。这意味着你会接受太多将你引往错误方向的计划。如果你可以开始对让你分心的事情说“不”或起码说“现在不行”，自然就会拥有更多时间从事最重要的工作。说“不”是一种解放。

（2）害怕混乱。这其实一点帮助也没有。当你专注于最重要的那件事时，其他事情自然就被移到次要位置。有时候这会让你感到一团混乱，这很自然。请学着习惯这种状况，这说明你正在应对最重要的那件事，你正处在正确的轨道上。学着处理这种情绪，你因专注而实现的成就将大大补偿这种暂时的不适应。

（3）影响健康的不良习惯。这意味着你没有妥善管理自己的精力。不要因为狼吞虎咽、消化不良而损害你的健康，经常从事让你充电的活动。你必须通过合理的饮食、规律的运动和良好的习惯来保持精力，这样在处理最重要的那件事时，你才能投入尽可能多的精力。

（4）所处的工作环境不支持你所设定的目标。这会降低你沿正确方向前进的几率。你需要预先采取行动，打造一个众人支持你高效工作的客观环境，让它引导你沿期望的方向前进，提供你向前走和向上发展所需的一切事物。

6. 现在就开始

要取得卓越成就，你必须从大方向思考，但

采取行动时要从小处着手。思考你的目标，想清楚最重要的那件事是什么，然后尽量把时间花在那件事上。

一个行动建立在前一个行动之上；新习惯建立在旧习惯之上；今天的成功建立在过去的成功之上；一张多米诺骨牌推倒下一张骨牌、下下张骨牌……因此，当你想获得卓越成就时，寻找为你启动多米诺骨牌效应的行动。伟大人生是借助连锁反应的强大动力造就的。也就是说，以成功为目标无法使你直接抵达终点。你必须每天、每周、每月、每年专注于最重要的那件事，积累知识和动力，这样才能获得打造卓越人生所需的能力。

二十年后，比起做过的事，那些你没做的事会更让你感到遗憾。请解开船缆，告别避风港，张满你的船帆，乘风航行，去探索，去追梦，去发现。

与其用“我会做”“我应该”“我本该”填满

你的生活，不如忙着过一个不后悔的人生。成功总是属于掌握诀窍的人。开始行动，击中通往最重要的那件事的第一张骨牌，美妙的连锁反应会就此发挥作用。

关键思维

在你明确生活目标，分清事务轻重缓急，每天能高效地完成最重要的事情之后，你的生活会变得有意义，取得卓越成就会变得有希望。人生所有的成功都从自己开始，如果你知道该做什么，并且知道如何去做，你的下一步就很简单。你就是那第一张骨牌。

——加里·凯勒　杰伊·帕帕森

我不相信人生的目的是追求快乐。我认为，人生的目的是成为有用的人，负责任的人，具有同情心的人。最重要的是，要活得有意义、有价值、有贡献，为你生活的世界带来一点点不同。

——利奥·罗斯滕，犹太学者

失败教我的 11 堂课

Sometimes You Win,
Sometimes You Learn

Life's Greatest Lessons Are Gained from Our Losses

原著作者简介

约翰·马克斯韦尔(John Maxwell)，领导力专家、演说家和作家，也是 EQUIP 和 Injoy Stewardship Services 两家教育培训公司的创办人，全球接受过其培训的领导者超过 200 万。马克斯韦尔被誉为全球顶尖的领导力大师之一，曾接受《纽约时报》、《华尔街日报》和《商业周刊》专访，著有 50 多本书，总销售量超过 1600 万册，其中《领导力 21 法则》、《开发你内在的领导力》、《领袖 21 特质》销售量均达百万册。毕业于美国俄亥俄基督教大学、阿苏萨太平洋大学以及富勒神学院。

本文编译：乐为良

主要内容

主题看板

输赢不是一切，学习才是王道

人生是一场永无止境的学习，失败能教你的比成功更多。但在失败中学习并不容易，你必须刻意练习，才能在不如意的时候仍然保持正面思考，汲取失败的教训。

当你失败的时候，你能学到什么？你可能从未想过回答一个关于自己失败的问题。大部分人都不愿意承认或面对自己的缺点，甚至耻于提起或谈论失败。当不得不谈论自己的失败教训时，他们总是会说："人生不是赢，就是输。"这其中传递的信息是：除了输赢，没有其他好说的。

这样的想法有什么问题？问题在于，这不是赢家的思维！比尔·盖茨就曾说过："成功是个差劲的老师，它让聪明人以为他们输不起。"

成就大事的人会用不同的方式看待失败。他

们不会遮掩自己的错误，更不会从失败中落荒而逃。他们的态度从来就不是“人生不是赢，就是输”。相反，他们抱持的态度是：人生不是赢，就是学习。他们深信，在工作中和生活中，无论遭遇任何状况，只要正确运用，都能转化成为他们前进的动力。

领导力专家约翰·马克斯韦尔曾获选“世界领导大师”全球排名第一，出版过许多畅销的领导力书籍，培训过多家企业的领导者。在近 50 年，面对各行各业无数领导者成功及失败的案例，他归结出能够帮助我们克服困难、处理问题、面对失败、迈向成熟的 11 堂必修课程。他告诉我们，成功往往来自关键性的失败，只要保持不断学习的心态，就能掌握最强的制胜武器。

关键思维

失败者指的是犯下大错却不能从中汲取教训

的人。

——阿尔伯特·哈伯德，作家

主啊，请使我远离永远不犯错的人，还有那些重蹈覆辙的人。

——威廉·梅奥，医生

胜利不是一切，学习才是。

——约翰·马克斯韦尔

一 谦逊

失败的确会让你变得谦逊。只要你确保能从错误中学习，不再重复犯同样的错误就好了。

每个人都会遭逢各种各样的逆境。有些人因此变得麻木，并且拒绝再次尝试；有些人则重新振作，拍去尘土，再次出击。如果你能将失误视为必要的教诲和出人头地的必修课，你的心态就对了。

如果你态度傲慢，你可能会：

◎把问题归咎于他人。

◎拒绝面对现实。

◎心生抵触，反对新点子。

◎思考僵硬且无弹性。

◎感到孤立不安。

反之，如果你态度谦逊，就能虚心学习。谦

逊总是能以四种实用而又有意义的方式为你打开学习的大门，帮你获得更高的成就：

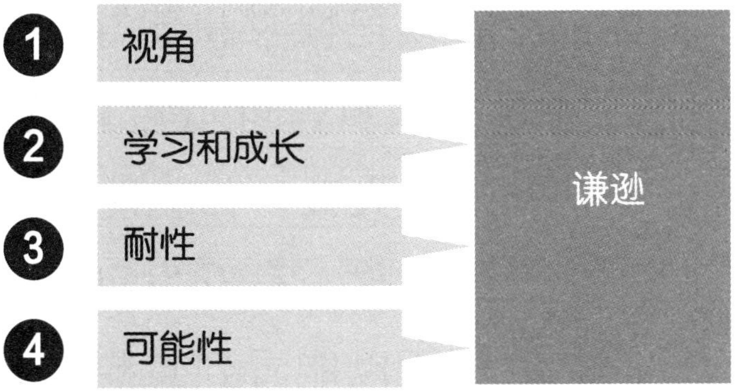

（1）谦逊使你面对各种事情和日常生活时有更好的视角。你会看到大局，了解你只是其中的一部分，而不是全部；你会知道自己必须不断学习和改进。

（2）谦逊让你学习和成长。你赞同成功要靠妥善处理失误，而不是完全不犯错误的看法。你必须足够谦逊，才会愿意后退一步，在必要时采取不同的做法。

（3）谦逊使你有耐性。当你能放弃追求完美，愿意不断尝试时，这种效果尤其明显。亚特兰大药剂师约翰·彭伯顿在发明了“法国酒可乐”“柠檬橙子复方酏”和“印度女王魔术染发剂”之后，才研制出缓解疲劳、有益神经系统的新糖浆。他的助手不慎把糖浆和苏打水搅拌在一起，创造了一种碳酸饮料，可口可乐就此诞生。如果你虚心对待初期的失败，你就能撑过去。

（4）谦逊也会鼓励你充分开发可能性。因为你抱持开放的态度，所以能看到意想不到的可能性，许多失误最后成为了伟大的发明，例如：

◎查尔斯·古德伊尔不小心将加了硫的橡胶滴在高温的炉火上，因此发现了如何开发橡胶的用途。

◎纺织技师原本想研发一种防水桌布，结果发明了玻璃纸。

◎一位工程师不小心使巧克力融化在口袋里，却因此发明了微波炉。

◎由于不慎把霉菌放进培养皿，青霉素得以被发现。

关键思维

骄傲在乎谁是对的，谦逊关心什么是对的。

——埃兹拉·塔夫脱·本森

美国前农业部长

谦逊并不意味着看轻自己，而是较少想到自己。

——肯·布兰查德，作家、企管顾问

每个人的生命都是一本日记，只是他原本想写某个故事，却写了另一个故事。而人最谦逊的时刻，则是当他将所写的故事与他曾立誓要完成的故事相比较之时。

——詹姆斯·马修·巴里

《彼得·潘》作者

二 现实

要在生活中取得成功，并且从失败中学习，你必须面对现实，以现实作为成长的基础。不这么做是行不通的。

尽管每个人的人生经历各不相同，但大家的生活往往符合下列三个事实：

（1）人生原本就不容易。生命充满挑战，成功的路上有着层层路障和众多弯路。如果你不这么认为，以后注定要失败，因为你不肯学习。

（2）每个人都面临挑战，无论你有什么样的背景或个人资源都不例外。你一定会犯错，会在不经意间伤害别人，并尝到失败的滋味。面对挑战，继续前进。生活从来不是易事。

（3）某些人的生活确实比其他人更难，这点毫无疑问。别奢望生活是公平的，因为这永远不可能实现。正视现实，尽最大努力善用你眼前的一切。一个不为人知的制胜关键就是不要为难自己，要做到这点你需要避免犯五个错误：

◎如果你不再成长和学习，人生会变得更加艰难。因此，请继续努力，经年累月地提高自己。如果你拒绝成长，更准确地说，如果你拒绝为自我成长投资，那么你的人生毫无疑问将变得更难更累。面对现实，天天学习。

◎如果你不能有效思考，最终会重复犯同样的错误，人生会变得更加艰难。学会如何运用你的脑袋，而且有效地运用它。

◎如果你拒绝面对现实，活在一个充满幻想的世界，人生会变得更加艰难。要想成功并且出人头地，就必须坦然面对现实，因为成就大事的方法一直都没变：算好成功的成本，然后努力付出相应的代价。

◎如果你不迅速作出必要的调整，人生会更加艰难。也就是说，你不能死守亏本生意而不停损。你应该迅速而有效地改变计划，而不是妄想事情自己会好转。

◎如果你不处理损失，不采取行动纠正错误，人生会更加艰难。强者会设法把柠檬变成柠檬汁，只要你专心去找最佳解决方案，你也能做到。接受现实，坦然面对严酷真相，设法继续前进。

关键思维

从失败走向成功比从借口走向成功容易多了。

——约翰·马克斯韦尔

如果你想学习，就必须将解决问题、制订计划和实施计划的行为建立在一个坚实的基础上。而实际情况是唯一能够承受这些行为的重压而不会垮塌的东西。

——约翰·马克斯韦尔

有种快感来自直面严峻真相，对它高呼：

“我们绝不放弃！我们绝不投降！尽管这需要很长的时间，但我们一定会找到胜利之路。”

——吉姆·柯林斯，作家、企管专家

你不处理现实，现实就会来对付你。

——亚历克斯·哈利，《根》作者

三　责任

承担责任通常是学习的第一步。除非你挺身而出，说“由我负责推动这些事情”，否则什么也不会发生。

成功是一次长征，你要抱着打持久战的心态去追求它。要坚定不移，保持专注，并不断前进。借口就像是成功路上的许多出口，从出口退出来很容易，但你会因此偏离主道。你不可能靠借口迈向成功。

制胜的正确心态是：事情结果如何均取决于我。这样想，你便会对最终结果负起全责。如果你不承担责任：

◎你会养成受害者的心态，只注意自己无法控制而不是自己能够控制的事，而这是一路挫败到底的不二方法。

◎你会对生命的运作有不切实际的看法。你会穷尽一生寻找“公平”，而不是卷起袖子让好事发生。

◎你会浪费时间与人比较。这么做毫无意义，你将总是比上不足比下有余。向前走吧。

◎你会开始怪东怪西，寻找替罪羔羊以推卸责任。

◎最后你会把自己的人生交给别人操控，因为这样你才能坐下来抱怨别人强加于你的选择。

总而言之，如果无法负起责任，最终你将失去所有个人成长的可能性。当你承担起责任，不再找借口，你的生活至少会从以下五个重要方面发生巨变：

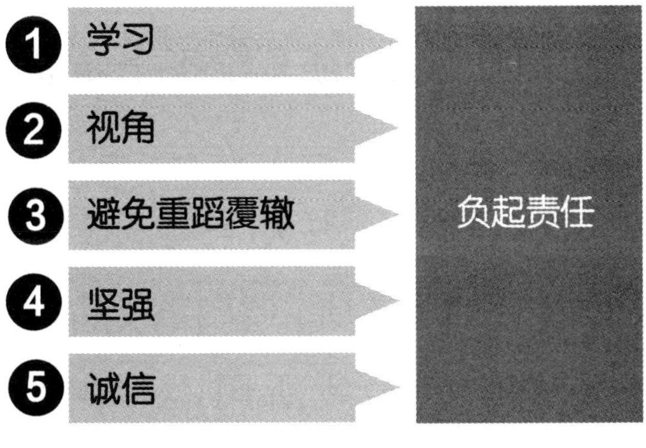

◎你开始学习了——你设法成长并改进生活。

◎你会从更好的视角看待事物——你开始以更精确、更细致的观察弄清楚哪些事重要，哪些不重要。

◎你不再重复自己的失败——因为你会对它们进行分析，学习未来如何不再重蹈覆辙。

◎你变得更加坚强——因为你挨过了风暴，仍旧朝正确的方向前进。

◎你获得诚信——你用行动证明你说话算数。

关键思维

每天下班时为自己的工作签字负责，如果做不到这一点就换工作。

——杰夫·奥利里，作家

据我所知，人们之所以获得成功，是因为当事人能够分析挫败，为我所用，并在下次行动时从中获益。

——威廉·莫尔顿·马斯顿，作家

那些让你痛苦的事也会指导你。

——本杰明·富兰克林，政治家、发明家

四　改进

刻意追求不断进步是从失败中学习的核心。每天致力于学习新事物，你将日益精进。

并不是因为人类把石头用光，石器时代才结束。它的结束是因为人们不断学习和改进。想要改进自我是所有成功者与生俱来的本性。

持续学习是提升个人表现的关键。要从失败中学习，随着时间推移不断进步，在向前迈进的同时保持学习的热情。理由如下：

◎改进任何事情的第一步都是改进自己。如果你不前进，世界就会弃你而去，你必须一直努力进步。

◎要想改进，你必须走出自己的舒适圈，这绝对是件好事。日复一日重复做同样的事，你永远不会觉得有趣。你必须尝试和体验不同的事物，这样才能成长、进步和提高。

◎要想真正改进，你必须摆脱求快的心态，为成长打好坚实基础。与其寻找一蹴而就的方法，不如每天力求稳定的进步。微小的改变经过日积月累足以颠覆一切。

◎改进是每天的必修课。在每一天结束时，你应该能够回答以下重要问题：

· 今天我学到了什么？

· 今天我有什么成长？

· 明天我会有什么不同的作为？

今天起开始改进，有三件事你必须做到：

（1）确信所有努力都是值得的。相信你的梦想很重要，相信投入的所有时间、努力和精力经过一段时间后都将加倍回报你。事实上，如果你一直不断改进，你就会成功。

（2）挑选要改进的领域，然后动手去做。不要因为无法一下子在所有方面作出改进而感到受挫，因为那是做不到的。挑选一个可以发挥所长的领域，每天花1小时在那个领域精益求精。

（3）不要被初期的挫折阻挠，而应汲取教训，坚持下去。错误是帮你改进的机会，所以不要回避错误。

关键思维

领导者和跟随者的差别就在于他们有自我成长和改进的能力。

——沃伦·本尼斯　伯特·纳努斯

失败和成功仅一线之隔，两者的距离小到难以察觉，小到我们即使站在两者的分界线上也认识不到。有多少人在放弃时，只要再多一点努力，多一点耐心就成功了？

——阿尔伯特·哈伯德，作家、艺术家

如果你每天花 1 小时学习某专题，一周 5 天，你会在 5 年内成为该领域的专家。

——厄尔·南丁格尔，作家

我在成功人士身上最常见到的特质是他们不轻言放弃。

——彼得·洛，演说家

大多数成功不是依靠命运的巨大作用，而是源于简单、逐渐积累的进步。

——安德鲁·伍德，作家

五　希望

要从失败中学习，你必须持续栽培希望。抱持前途一片光明的想法，这样你就会有毅力去学习和前进。

怀抱希望，失败只是一颗打水漂的小石子；失去希望，失败就成了墓碑。希望能够鼓舞、激励人心，提供强烈动机让人坚持下去、努力学习，原因在于：

◎我们心怀希望时，会对人生持肯定态度，并相信未来一切都会好转。

◎希望让我们充满能量，使我们在充满艰难与挑战的时刻能够坚持下去。

◎希望使我们一直向前看，使我们充满期待，相信未来将比过去经历的一切更加光明美好。

◎希望是一种资产，能够带来改变。当我们拥抱希望时，它可以帮助我们克服重重障碍，取得重大胜利。

那么，如何才能培植希望？要使自己充满希望，你需要做三件事情：

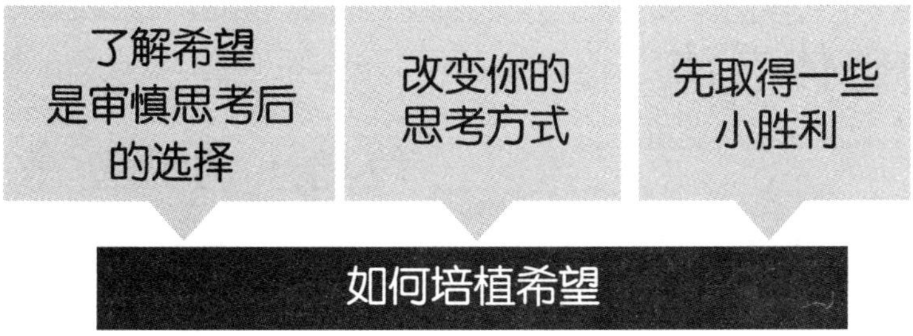

◎了解希望是审慎思考后的选择——你可以选择从有利的角度看待未来，也可以选择不这么做。在艰难时刻，聪明的人选择心怀希望，你也可以。

◎改变你的思考方式，变得更为乐观并怀抱更大的期望。乐观看待你的前景，斩钉截铁地拒绝放弃梦想。

◎先取得一些小胜利，然后趁势取得更大的成就。要造就伟大事业，可以先取得一些小胜利，再努力往上爬。开始得胜之后，你就会有信心取得更大的胜利。

关键思维

正向思考必须辅以积极作为。没有什么比成功更能鼓舞希望。赢得一些小胜利可以改变你对人生的整体看法。

——约翰·马克斯韦尔

麻烦是人生中的必然之事。遇上麻烦时，抬起头来直视它，并说:“我比你强大，你打不倒我。”

——安·兰德斯，专栏作家

我们不明白为什么多数人在离目标近在咫尺的时候选择放弃。他们从来不知道，实际上他们只差一点点就要实现梦想了。谁说我们可以选择放弃？

——约翰·马克斯韦尔

成功人士在环顾四周时，预期有更多的好事等着他。他拒绝“做不到”的想法，相信只要他下定决心就一定能做到。因此，他能比别人打开更多扇门，拿下更好的交易，并吸引更多精力十足、足智多谋的人和他一起工作。他设定更高的标准，并带动别人和他一起达成目标。他赢得别人的信任，让共事者生气勃勃。对成功的预期与渴望催生出希望。

——艾伦·考克斯，作家

六 可塑性

要从失败中学习，你必须具有可塑性。如果你误以为自己无所不知，则将错过一些重要的成长。

使你走到今天的一切事物不能帮你待在原地不动，当然更不可能带领你去你想去的地方。你不仅要有一颗善于学习的头脑，还要有一颗热爱学习的心灵。这就是可塑性对你的意义。

具体而言，具有可塑性意味着你有心持续学习，终生追求自我成长。想在将来获得成功，你今天必须具有可塑性。要找到反败为胜之路，你要具有很强的可塑性。养成以下这些性格特征可以帮你做到这点：

◎乐于学习。你要热衷于学习，愿意为获取更多知识付出代价；你必须虚心受教，并对生命抱持积极的态度。

◎拥有初学者的心态。你必须承认自己并非无所不知，因此乐意并热衷于向他人学习。你还要认识到，每个你遇到的人都可以教你一些有价值的东西。

◎具有开放坦诚的态度。这意味着通过自省，你明白自己已经准备好作出改变。只有看到自己的缺点，你才会积极寻找更好的解决方法。

◎鼓励别人畅所欲言。你需要清楚地表明，你乐意向他人学习，欢迎他们提供帮助。让会说实话的人，而不是讨好你的人围绕在你周围。养成聆听的习惯，而不是滔滔不绝说个不停。

◎每天都怀有学习新知识的意愿。视学习为每天的首要任务，并养成每天学习的习惯。

培养可塑性的良方包括：

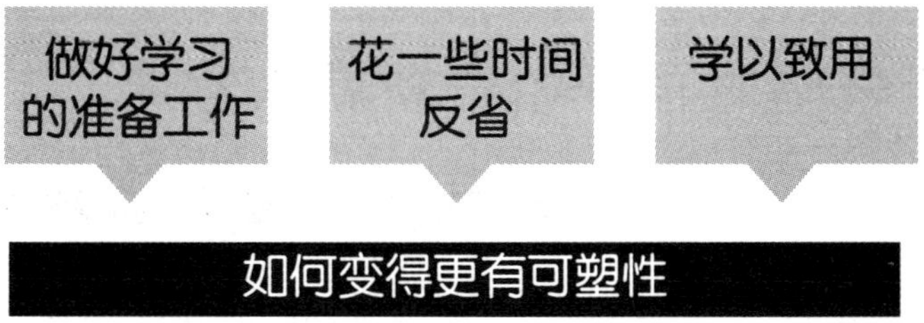

◎做好学习的准备工作。事先做好功课，以便充分利用每天出现的学习机会。每天都要彻底想清楚，事先找出有哪些学习机会，这样你才不会让机会白白溜掉。

◎花一些时间反省。你需要消化信息和探索观察事物的角度，停下来想一想：

· 我能从阅读中学到什么？

· 我能从经验中学到什么？

· 我今天见到的人教了我什么？

◎学以致用。这是真正体现学习价值的地方。你做得愈多，理解和积累得就愈多。从每天发生的正面和负面的事件中汲取经验教训，引以为鉴，这将深化和强化你的学习。

关键思维

机会来临时再开始准备就太迟了。

——约翰·伍登，篮球教练

如果你在一生中想发表高见时却安于聆听，

则将获得智慧。

——道格·拉尔森，专栏作家

人生中的成功，高达85%取决于态度，只有15%取决于能力。

——约翰·马克斯韦尔

七 逆境

逆境最能推动变革。如果你每次都能积极应对逆境，你将取得莫大成就。

逆境通常对你有利。这听起来有些违反直觉，但如果你心态正确，逆境确实可以创造优势，具体来说：

◎逆境引起你的关注，并常因此促使你发现自我，发掘出自己真实的内在力量。

◎逆境是最优秀的导师，因为克服前所未有的困难比轻而易举就获得胜利更能让你牢记不忘。

◎逆境可以打开新的大门，呈现出以往你从未察觉的新契机。许多成功的产品由于实验室或市场中的失误行为而得以出现。

◎逆境往往预示着即将到来的转变，提醒你

妥善应对。如果你足够聪明，或许能从某领域的衰退中看出自己该作些什么改变，以便在完全不同的领域脱颖而出。

◎如果你计划得当，逆境的结果将是痛苦与收益参半。成功人士对于如何忍痛并持续努力有充分计划。

◎逆境既可以是垫脚石也可以是坟墓，全看你怎么应对。如果积极应对重大挫折，你将得到一段能和他人分享的精彩经历。

关键思维

化伤口为智慧。

——奥普拉·温弗瑞，主持人

弱者为境遇所束缚，强者却将境遇为己所用。

——塞缪尔·洛弗，小说家、作曲家

人们回顾自己的生命，思考他们快乐的原因时，通常想到自己钟爱的人、遭遇和克服的挑战，从而认清自己的内在力量。这些事让他们自豪，也让他们铭记在心。

——托尼·罗宾斯，作家、演说家

八 问题

“问题”最棒的地方在于它们其实是巨大的学习机会。努力去解决问题，你就会学到很多。

问题层出不穷，把它们变成学习机会的关键在于：

◎不要低估问题。认清事实，正视眼前问题的严重性。

◎不要大惊小怪。不要把问题看成不可逾越的障碍，不断提醒自己，别人之前也遇到过类似的，甚至更大的问题，并能一一化解，自己也做得到。实事求是，该怎么做就怎么做。

◎不要以为问题会自行解决。你必须积极介入并拿出实际可行的解决方案。

◎不要让问题恶化。这样做简直是疯了，但离谱的是，真的有许多人这么做。相反，你要保持健康的观点和积极的态度，相信问题总有相应的解决方案，你只需负责把解决方案找出来。

要解决问题并把它们转化为学习机会，你需要：

◎预测问题。相信只要你尝试新东西，就会有问题出现，把问题当作一显身手的机会。

◎沟通问题。与会受到这个问题影响的人沟通，找可以帮助你解决问题的人谈一谈，让他们知道当前的状况，这样他们才能作出有用的贡献。

◎评估问题。思考问题的症结所在，紧接着考察问题是否真的那么严重。尽可能坚持正面的观点，并牢记最终目标。你会发现，当你认清事实后，许多一开始看上去非常严重的问题其实只是鸡毛蒜皮的小事。

◎欣赏问题。相信克服问题会让你比平时更加努力、更加聪明，因此是你学习与成长的大好机会。

关键思维

生命就是一连串的问题。我们是抱怨它们，还是解决它们呢？

——斯科特·派克，心理治疗大师

别找人诉苦！因为其中八成的人不会在乎，另外的两成人则会幸灾乐祸。

——卢·霍尔茨，退休足球教练

正面思考是你思考问题的方式，热情是你面对问题时的态度。两者相结合决定了你对问题采取的行动。

——诺曼·文森特·皮尔

著名牧师、演讲家和作家

九　糟糕的经历

即使是糟糕的经历，也能变成好的经验。只要你能保持学习的态度，就可以从糟糕的经历中汲取益处。

没有人会去故意招惹糟糕的经历。然而，现实的情况是，坏事难免会出现。要想将它们转化为学习经验，你需要：

（1）接受自己的局限性。糟糕的经历本来就是人生的一部分，把它当成人无完人的证明，接受它并继续前进。

（2）学会自嘲。对自己造成的烂摊子抱持幽默态度，这样能让你哈哈大笑的事情肯定不会少。

（3）保持健康的观点。告诉自己你刚刚发现了一些行不通的方法，因此找出正确方法的机会更大了。提醒自己：

◎你的人生由你的成就，而不是你最糟糕的时刻定义。

◎当下的表现并不能代表你，只要一息尚存，你就有机会把事情做好。

◎短期失败可以显著促进学习，其直接结果就是未来你会变得更好更强。

（4）不要放弃。失败后站起来，拍掉灰尘，重新再来，对未来保持乐观。

（5）设定停损点。别让糟糕的局势进一步恶化，弄清楚问题是由无知造成的，还是由愚蠢造成的。如果是因为无知，快去学习你必须了解的事；如果是因为愚蠢，严守纪律作出更好的选择。该改就改。

（6）把坏事变好事。通过汲取教训，继续向前，你可以让糟糕的经历在未来带给你良好的经验。历史上很多人长期从糟糕的经历中受益，努力加入他们的行列吧。

关键思维

犯错叫人痛苦，但多年之后，错误加起来就成了所谓的经验。

——丹尼斯·威特利

《乐在工作》作者

十　改变

创新总是来自改变。改变是学习的代价，因此要想从失败中学习，你必须愿意作出有益的改变。

多数人抵触改变。这是为什么?

◎改变往往让人觉得自己遭受了损失。

◎改变令人感到尴尬和不舒服。

◎改变可能会挑战个人长久以来的习惯。

由于这些原因，很多人对自己的做事方法换汤不换药，甚至沿用旧法，却期待能产生不同的结果。另一些人把改变视为一种痛苦，而不是成长的大好时机。

要想改变、进步和成长，你必须做到五件事：

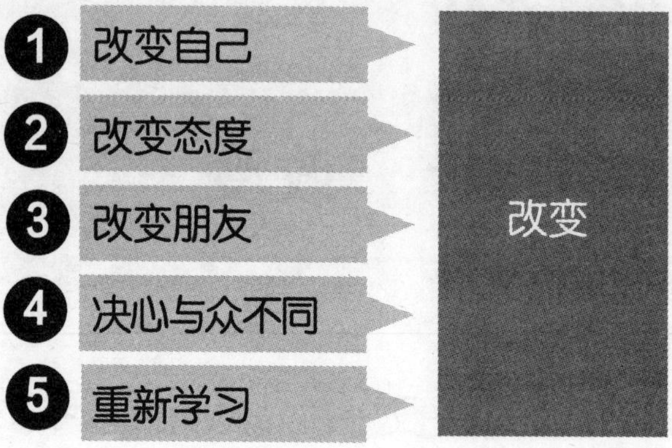

◎从改变自己开始，而不是期望身边的人率先作出改变。从小处着手，然后逐步推进。

◎改变你的态度，这是你完全能控制的事。更积极地思考，改变你看待事物的方式，你会看到周围很多事物也随之发生了变化。

◎更换朋友，远离消极思考且冥顽不灵的人，结交有心成长的新朋友。近朱者赤，近墨者黑，要多与乐观的人为伍。

◎决心与一般人生活得不同，愿意付出代价追求卓越。相信要取得成功就要有不同的思考和行动方式，并因此不害怕自己与众不同。

◎作好更新知识的准备，用优质的知识替换过时或不正确的信息。

关键思维

永远不要放弃犯错的权利，因为那会让你的人生失去学习新事物及向前迈进的能力。

——大卫·伯恩斯，精神病学者

只需作出一个具有决定性的抉择，你就能拥有完全不同的人生。

——马克·巴特森，牧师

要想成长，你必须乐意看到自己的现在和未来、过去截然不同。你的过去并非你的命运。

——艾伦·科恩，创业家

一个人如果无法接受长时间看不到自己起航的海岸，就不可能发现新大陆。

——安德烈·纪德，小说家

十一　成熟

从失败中学习，最终你将收获成熟。成熟是智慧、恒心和受挫能力的完美结合，值得你去追求。

要想挖掘成熟的真正价值，请牢记下列原则：

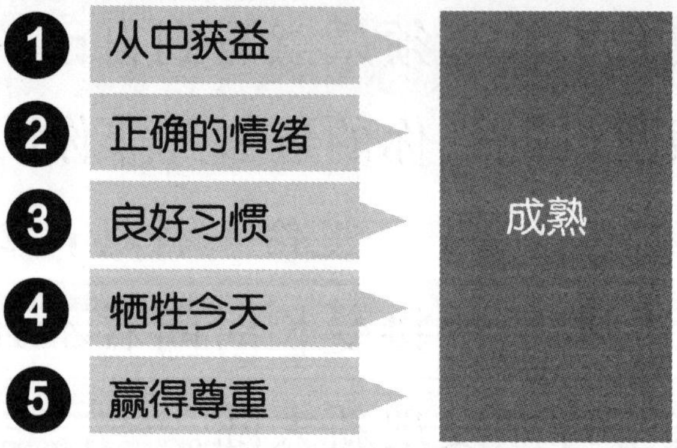

（1）成熟是从短暂失败中发掘长期利益的结果。因此，请随时准备好从错误中学习，不要被失败绊倒，汲取教训后继续前进。

（2）成熟需要培养正确的情绪，让积极的想法占上风。当你培养正面的想法，使其取得主导地位时，负面的想法就会被压倒。

（3）成熟需要养成良好的习惯。你需要投入必要的时间并保持自律，确保自己的行为前后一致，这将对你的未来发挥重大作用。如果你现在就养成习惯做正确的事，你会变得越来越成熟。

（4）成熟是为了成就明天而牺牲今天的结果。能否成功和你愿不愿意牺牲有必然的关系。如果你足够成熟，愿意在今天放弃一些东西，以换取明天更大的收获，你就会重视从失败中学到的教训。

（5）成熟是学习赢得他人尊重的结果。要想享受成熟的益处，你需要培养适当的自尊。

关于从失败中学习，还有最后几点要牢住：

◎随着胜利的增加，学习常常会减缓，因此要预防自满。无论输赢，即使是在人们对你赞誉有加时，也要求知若渴，这样你才会变得愈来愈好。

◎想要学习就必须能够改变想法。关键不在于你拥有什么，而在于你如何思考。每当你掉进自以为无所不知的陷阱，就会危机四起。保持正面思考并从失败中学习，你会做得很好。

◎真正的学习势必通过行为的改变表现出来，因此要缩小知与行之间的差距。心里要明白，除非你学以致用，否则实际上你等于什么也没学到。

◎长期的成功向来是不断失败和学习的结果，别无他法。努力去尝试新事物，去失败，并从这些失败中学习。这是出人头地要付出的代价。

关键思维

成熟就是做你该做的事，不论你当时作何感受。

——多姆·卡珀斯

美国国家橄榄球联盟教练

我们失败时作何感想将决定我们多久才能获

得胜利。

——吉伯特·凯斯·切斯特顿，作家

我对大家的期望是遭遇失败后能够重新振作。每次卷土重来，你都可以取得更大的收获。人生的成功就是如此：持续学习，持续从失败中站起来。

——约翰·马克斯韦尔

除非你采取行动，学以致用，否则相当于什么也没学到。

——肯·布兰佳，作家

我把世界上的人分成学习者和不学者。懂得学习的人对周围发生的一切采取开放的态度，他们会聆听，并学习经验教训。在他们做了愚蠢的事之后，他们不会再犯；在他们做出一点可行之事后，下次会做得更好更用心。问题不在于你成功了还是失败了，而在于你是一个学习者还是不学者。

——本杰明·巴伯，政治理论家

只要你还活着，你就仍有机会学习。选择权

在你，别人只能提供建议。有些人甚至可以帮助你，但接受考验的是你自己。

——约翰·马克斯韦尔

如果你愿意把失败当成塞翁失马并重新振作，你就有可能驾驭这个最强的成功力量。

——约瑟夫·休格曼，作家、创业家